趣学
Python编程

PYTHON FOR KIDS

[美] Jason Briggs 著　尹哲 译

人民邮电出版社

北 京

图书在版编目（CIP）数据

趣学Python编程 / （美）布里格斯（Briggs, J.）著
；尹哲译. -- 北京 ：人民邮电出版社，2014.3（2022.8重印）
ISBN 978-7-115-33595-1

Ⅰ．①趣… Ⅱ．①布… ②尹… Ⅲ．①软件工具—程
序设计 Ⅳ．①TP311.56

中国版本图书馆CIP数据核字(2013)第265094号

版 权 声 明

- ◆ 著 ［美］Jason Briggs
  译 尹 哲
  责任编辑 陈冀康
  责任印制 程彦红 杨林杰
- ◆ 人民邮电出版社出版发行 北京市丰台区成寿寺路 11 号
  邮编 100164 电子邮件 315@ptpress.com.cn
  网址 http://www.ptpress.com.cn
  北京九州迅驰传媒文化有限公司印刷
- ◆ 开本：800×1000 1/16
  印张：18.25 2014 年 3 月第 1 版
  字数：308 千字 2022 年 8 月北京第 34 次印刷
  著作权合同登记号 图字：01-2013-3673 号

定价：59.80 元

读者服务热线：(010)81055410 印装质量热线：(010)81055316
反盗版热线：(010)81055315

内 容 提 要

Python 是一款解释型、面向对象、动态数据类型的高级程序设计语言。Python 语法简捷而清晰，具有丰富和强大的类库，因而在各种行业中得到广泛的应用。对于初学者来讲，Python 是一款既容易学又相当有用的编程语言，国内外很多大学开设这款语言课程，将 Python 作为一门编程语言学习。

本书是一本轻松、快速掌握 Python 编程的入门读物。全书分为 3 部分，共 18 章。第 1 部分是第 1 章到第 12 章，介绍 Python 编程基础知识，包括 Python 的安装和配置、变量、字符串、列表、元组和字典、条件语句、循环语句函数和模块、类、内建函数和绘图，等等。第 2 部分是第 13 章和第 14 章，介绍如何用 Python 开发实例游戏弹球。第 3 部分包括第 15 章到第 18 章，介绍了火柴人实例游戏的开发过程。

本书语言轻松，通俗易懂，讲解由浅入深，力求将读者阅读和学习的难度降到最低。任何对计算机编程有兴趣的人或者首次接触编程的人，不论孩子还是成人，都可以通过阅读本书来学习 Python 编程。

作者简介

Jason R. Briggs 从 8 岁起就是一名程序员了，那时他在 Radio Shack TRS-80 上学习了 BASIC 语言。他作为开发人员和系统架构师写专业的软件，同时还是《Java 开发者》杂志的撰稿编辑。他的文章曾经上过《JavaWorld》、《OnJava》以及《ONLamp》。这是他写的第一本书。

Jason 的网站在：http://jasonrbriggs.com/，他的电子邮箱地址是：mail@jasonrbriggs.com。

关于插图

Miran Lipovaca 是《Learn You a Haskell for Great Good!》的作者。他喜欢拳击，会弹贝斯，而且还会画画。他对于舞动的简笔画小人还有数字 71 很入迷，当他走到自动门的前面时他总是假装是他用意念打开的门。

技术审阅者简介

15 岁的 Josh Pollock 刚从 Nueva School 毕业，他现在是旧金山 Lick-Wilmerding 高中的一年级新生。他第一次编程是在 9 岁时，用的是 Scratch；上 6 年级时用 TI-BASIC；7 年级时改用 Java 和 Python；8 年级时用 UnityScript。除了编程，他喜欢吹号，开发电脑游戏，他还喜欢教别人自然科学知识。

Maria Fernandez 拥有应用语言学的研究生学位，在过去超过 20 年的时间里她一直对计算机和技术感兴趣。她在佐治亚州的地球村项目中教授年轻的难民英语，现在她住在加利福尼亚北部，在 ETS（教育考试服务中心）工作。

致谢

这就像当你上台领奖时才发现，你把那张列着要感谢的人的列表落在另一条裤子里了——你肯定会漏掉一些人，但音乐已经响起，你马上就得下台了。

那么也就是说，下面是我需要感激的人的不完全列表，是他们帮助我把这本书变成现在这么好。

感谢 No Starch 团队，尤其是 Bill Pollock，在编辑本书时大量地考虑了"孩子们会怎么想"。如果你写程序写久了，很容易忘记其中有些东西对于初学者来讲有多难，Bill 对于那些被忽略的还有太复杂的部分提出了宝贵的意见。还要感谢出色的产品经理 Serena Yang，希望给 300 多页书中的代码纠正颜色没让你扯掉太多头发。

我必须要对 Miran Lipovaca 说"非常谢谢"，插图棒极了。太棒了。如果是我自己画这些画，那可就糟了，幸运的话也许偶尔能画出四不像的东西来。它是个熊么？是只狗？不，等一等，是棵树吧？

感谢校阅者们。很抱歉你们的有些建议最后也没能实现。可能你是对的，只能怪我自己一根筋。尤其要感谢 Josh 的一些好建议和非常好的发现。还要向 Maria 道歉，我偶尔会把格式不好的代码发给她。

感谢我的妻子和女儿，我在这段时间花在计算机屏幕前的时间比平时还多，她们包容了我。

感谢我妈妈多年来不断地鼓励我。

最后，要谢谢我爸爸在 20 世纪 70 年代就给我买了一台计算机，并且让我想用就可以随时用。没有他，这些都不可能存在。

译　者　序

编写计算机程序是未来最重要的生存技能。

计算机软件在我们的生活中扮演的角色越来越重要，然而编写程序的技术却越来越难以掌握了。大胆地假想一下：在未来，社会的阶层划分也许不再是分为权贵与平民、富人与穷人、无产阶级与资产阶级，而是分为懂技术的人和不懂技术的人。

现代人的生活越来越离不开网络、手机，还有无处不在各式各样的智能设备，就连很多简单的电灯里都有一个小小的电脑芯片。赋予这些计算机硬件以生命的就是人们设计的软件。软件让火星上的漫游机器人自主地去探索，软件让朋友们在社区网络上分享快乐，那些让你欲罢不能的电脑游戏也是软件。

软件在半个多世纪的时间里，在人类的各种活动中所占的比例越来越高。新兴的人类活动，如电脑游戏、社区网络等自然不用说。电话在刚刚发明时当中本没有任何的软件，而现在从你的手机到电信的网络，全部都是以软件为主体构成的。就算是在传统行业中软件的比重也越来越高了，不妨看看你周围的银行、快递、商场、书店等等这些年来的变化就知道了。

然而使用软件呢？

同意现在的软件产品变得越来越容易使用的请举手！

我相信真的会举手的大多是孩子们。因为孩子们从来都喜欢新事物。绝大多数成年人都不会觉得作为电话来讲智能手机比从前容易用了。

那么制作软件呢？

我是在 20 世纪 80 年代，还在上小学的时候开始学习计算机编程的。那时的苹果电脑开机直接进入 BASIC 语言界面。那时的编程语言就是做事情的流水帐，虽然连 26 个英文字母都认不准，可也能很快学会做好多事情，甚至没过多久就写出了自己的第一个电脑游戏。

而在翻译这本书的过程中我发现，现在的孩子要学习计算机编程要复杂得多。你起码要先从Windows，苹果 OS X 或者 Linux（Ubuntu）中选择一个操作系统，学习如何使用它。然后，如果你要使用 Python 语言的话一般还要先下载和安装。这是因为 Windows 中缺省没有安装Python，而苹果电脑和 Linux 上虽然有却不是最新版本。在每种操作系统上安装的方式都不一样。装好了之后你还要知道如何打开，运行，然后还得选择一种编辑代码的工具。你在代码里创建了一个新的绘图窗口然后运行……"它在哪儿呢？"原来运行窗口藏在后面呢，你得用鼠标点它一下才能和它交互。"天啊！你不说我怎么知道！"代码也不再像是流水帐那么简单了，模块、类、对象，还好原作者放过了异常处理和生成器。

现在你知道学习软件开发有多难了吧。然而你看到的只是冰山的一角，它只会变得越来越有挑战。这也是为什么学会写程序将会是一个很大的生存优势。

可是为什么在软件使得人们越来越强大，能做很多从前不能做的事情的同时，制作软件却变得越来越难了呢？

半个多世纪以来，人们不断地发明着新的工具和方法把设计计算机软件变得更方便，能力更强大。与此同时，这些便利与强大的副产品是总有一些细节被有意无意地暴露在外面。这样的细节越来越多，学习的成本就越来越高。这种情况很像现在人人都需要有个懂电脑的朋友。总有些技术细节无法避免，并且它们的作用会越来越大，那么掌握它们就是未来最重要的生存技能。

那么为什么要从 Python 学起呢？

Python 的基础部分很简单，代码组织也很直观，是初学编程的好选择。另外它也是一门很流行并且很有前途的语言。不要小看它，Python 并不是专门的教学语言，他非常的强大。

有的朋友可能要问："都什么年代了，编写程序还要写文本，就不能用鼠标画一画点一点把程序生成出来么？"

编写程序在过去很多年一直是采用写程序文本的形式（很早以前是在纸带上打孔），恐怕将来很多年也将还是像 Python 这样写程序文本，似乎这是目前唯一一种能让程序员自由灵活地表达意图的方式。很多人尝试过很多其它方式。比方说画出概念图来让计算机自己生成程序，这些尝试都不太成功。还有一些"可视化编程"工具和语言，比方说有一种教小孩子编程的 Scratch 语言。可这些语言能做的事情都很有限。

可能你在想：未来计算机越来越智能，还需要人来写程序么？

计算机是人的工具，只有人才知道他自己想让计算机做什么。就算是未来计算机强大到可以有自己的意志，那么人类掌握软件能力以防被计算机统治不是更重要么？

我从上小学的时候开始在长春市少年宫学习计算机，二十多年过去了，做个程序员的理想没有再变过。为此我要感谢当年话剧团的韩老师，是她把我带入了少年宫（我刚去少年宫时是搞文艺的），也要感谢长春市少年宫给我童年（直到初二）带来的永生难忘的快乐和知识。作为一个来自普通家庭的孩子，我不知道有多幸运。前不久听说少年宫当年教孩子计算机的一位邱老师刚刚过逝。这虽然不是我自己写的书，但我希望把这本译作献给那些在 80 年代万物复苏时教给我们这些 70 后孩子课堂以外知识的教育工作者们。让我们把薪火传递下去。

尹哲 2013 年 12 月

前　言

为什么要学习计算机编程

编程会培养创造能力、逻辑能力和解决问题的能力。编写程序的人有机会从无到有创造新事物，使用逻辑来把程序变成计算机可以运行的程序。在出了问题的时候你需要用解决问题的能力来找出是哪里不对。编程是一项既有趣，有时候又充满挑战的事情。从中学到的技巧对于学校和工作都很有用。就算你的职业方向和计算机没有关系也是这样。

除此之外，编程起码是外面天气不好的下午打发时间的好主意。

为什么是 Python

对于初学者来讲，Python 是一款既容易学又相当有用的编程语言。相对于其他语言，它的代码相当易读，并且它有 Shell 程序让你可以输入并运行程序。Python 的一些功能对于辅助学习过程很有效，让你可以把一些简单的动画放在一起来制作自己的游戏。其中之一是 turtle 模块，灵感来自于海龟作图（20 世纪 60 年代由 Logo 语言使用），专门用作教育目的。还有 tkinter 模块，它是 Tk 图形界面的接口，可以简单地创建稍微复杂一点的图形和动画程序。

怎样学习写代码

正如你首次尝试任何事情一样，最好从最基本的地方开始，所以要从第 1 章开始，别急着跳到后面的章节。谁也不能刚拿起一件乐器就马上能演奏交响乐。飞行员学员不会在掌握基本控制之前就去开飞机。体操运动员（一般来讲）不会第一次尝试就能翻跟头。如果你向前跳得太快，不但基础知识学得不牢，后面的章节也会让你觉得很复杂。

在阅读本书的过程中要自己动手试一试给出的那些例子。大多数章节后还有一些编程练习供你尝试，它们能帮你提高编程技巧。要记住，你对基础理解得越好，以后你理解复杂问题时越轻松。

当你受到挫折或者面临太大的挑战时，下面是一些我觉得有用的东西。

1．把大问题拆成小问题。尝试理解一小段代码是做什么的，或者只考虑困难问题的一小部分（只关注于一小段代码而不是尝试一下子整个理解）。

2．如果这样还不行，有时候不妨把它放到一边一段时间。先不去理它，过几天再回来。这对解决很多问题都很有效，尤其对于程序员来讲。

这本书是写给谁看的

这本书写给任何对计算机编程有兴趣的人并且首次接触编程的人，不论小孩还是大人。如果想学习如何自己写软件，而不只是使用别人开发的程序，那么这本书将是个好的开始。

接下来的章节会帮助你安装 Python，开启 PythonShell 程序以及执行简单计算，在屏幕上打印文本还有创建列表，用 if 语句和 for 循环执行简单的过程控制操作（还有 if 语句和 for 循环是什么）。你还会学到如何用函数来重用代码，基本的类和对象的知识，还有众多的 Python 内建函数及模块的介绍。

有不同章节分别介绍简单和高级海龟作图，还有用 tkinter 模块在计算机屏幕上画图。在很多章节的后面都有不同难度的编程练习题，这些练习让读者自己动手写小程序，以此来巩固刚刚学到的知识。

当你打好编程知识的基础后，你会学习如何写你自己的程序。你将开发两个图形游戏并学习冲突检测、事件，还有各种动画技术。

本书中大多数例子是用 Python 的 IDLE 程序做的。IDLE 提供了语法高亮、复制粘贴功能（和其他应用程序相似），它还有一个编辑器窗口让你可以保存代码以后再用，也就是说 IDLE 既是一个做试验的交互环境又有点像一个文本编辑器。这些例子在标准控制台和普通的文本编辑器上都同样适用，但是 IDLE 提供的语法高亮和还算友好的环境可以帮你更好地理解。
所以最前面的章节会教你如何使用它。

本书的内容

下面是每章内容的简单介绍。

第 1 章是安装 Python 的操作指南。

第 2 章介绍基本的计算和变量。

第 3 章介绍一些基本的 Python 类型，如字符串、列表和元组等。

第 4 章初次接触 turtle（海龟）模块。我们从基本的编程转移到让海龟（一个看上去像箭头
的形状）在屏幕上移动。

第 5 章涵盖了条件的变化以及 if 语句。

第 6 章接着讲了 for 循环和 while 循环。

从第 7 章开始，我们学会了使用和创建函数。然后在第 8 章我们讲了类和对象。我们讲到了
足够让我们在本书的后面章节中开发电脑游戏所需的基本概念和编程技术。从这时开始，书
中的内容开始有点复杂了。

第 9 章介绍了 Python 中大多数的内建函数。第 10 章继而介绍了 Python 默认安装的几个模块
（模块基本上就是一些有用的功能的集合）。

第 11 章再回到 turtle 模块，让读者用到更复杂的形状。第 12 章使用 tkinter 模块来创建更高
级的图形。

在第 13 章和第 14 章，我们创造了第一个游戏《弹球》，它是用我们在前面章节中学到的知
识创造出来的。在第 15 到 18 章，我们创造了另一个游戏《火柴人逃生》。这些游戏开发章
节中你可能会遇到很棘手的问题。如果实在解决不了的话，可以从本书的网站
http://python-for-kids.com 上下载代码，把你的代码和示例代码比较一下。

在"结束语"部分，我们参考了 PyGame 模块还有其他一些流行的编程语言。

最后，在附录中，你会了解到 Python 关键字的细节。在术语表中，你会找到本书中用到的编程术语的定义。

本书的网站

在你读书的时候如果需要帮助，可以使用本书的网站 http://python-for-kids.com/。在上面你可以下载书中的所有例子，还有更多的编程练习。在网站上你还可以找到书中所有编程练习的答案，如果你做不出来，或者想检查你做的结果，可以参考。

祝你编程开心！

请记住，学习本书进行编程是件让人开心的事。不要把它当成一项任务。要把编程当做是在创建有趣的游戏或者应用来和朋友还有其他人分享。

学习编程是一种很好的思维训练，效果也非常好。但更重要的是，不论你做什么，一定要开心！

目　　录

第 1 部分　学习编程

第 2 部分　弹球实例

第 3 部分 火柴人实例

第 1 部分

学习编程

第 1 章　Python 不是大蟒蛇

计算机程序是一组让计算机执行某种动作的指令。和那些电路、芯片、卡、硬盘等不同，它不是计算机可触摸的部分，而是隐藏在背后运行在硬件上的东西。计算机程序（我常简称为"程序"）就是一系列告诉没有知觉的硬件做什么事情的命令。软件就是计算机程序的集合。

没有计算机程序，几乎所有你现在每天使用的设备都将变得要么没有用；要么没那么有用。计算机程序不仅以各种形式控制着你的个人电脑，同时还有你的电子游戏系统、移动电话，还有车里的 GPS 单元。还有些不那么明显的东西也是软件控制的，比如液晶电视和遥控器，还有某些最新型的收音机、DVD 播放机、烤箱和电冰箱。甚至汽车引擎、红绿灯、路灯、火车信号、电子广告牌，还有电梯也是由程序控制的。

程序有点像思想。如果你没有思想，那么你可能就只能坐在地板上，两眼无神地任口水流到衣襟上。你想到" 站起来 "，那是一条指令，或者叫命令，它告诉你的身体要站起来。同样地，计算机程序告诉计算机做什么。

如果你知道如何写计算机程序，你就可以做各种各样的事情。当然，你可能写不出可以控制汽车、信号灯或者冰箱的程序（至少不是一开始就做得到），但是你可以创建网页，自己写游戏，或者甚至写个程序来帮你完成作业。

1.1　关于计算机语言

和人类一样，计算机使用多种语言来沟通，这里所说的语言就是编程语言。简单地说，一种编程语言就是一种特定的与计算机交谈的方式，这种方式使用计算机和人都能理解的指令。

有些编程语言以人名命名（如 Ada 和 Pascal），有些采用简单的首字母缩写（如 BASIC 和 FORTRAN），甚至还有些以电视剧命名，如 Python。是的，Python 编程语言的名字来自电视剧《蒙提·派森的飞行马戏团》，而不是大蟒蛇。

NOTE　《蒙提·派森的飞行马戏团》（Monty Python's Flying Circus）是英国 20 世纪 70 年代首播的电视喜剧，直到今天仍受某些观众喜爱。Python 的名字就是从这里来的[1]。

几样东西使得 Python 编程语言非常适合初学者。最重要的是，你可以用 Python 很快地写出简单有效的程序。Python 没有很多复杂的符号，如大括号（{}）、井号（#）和美元符号（$），这些符号会使得其他编程语言阅读的难度大幅增加，从而对于初学者也就不那么友好了。

1.2　安装 Python

安装 Python 相当简单。下面我们列举在 Windows 7、苹果 OS X，还有 Ubuntu 上的安装步骤。在安装 Python 的同时你也会安装 IDLE 程序的快捷方式，它是用来写 Python 程序的集成开发环境。如果你的电脑已经装好了 Python，请直接跳到本书 1.3 节那一节。

1.2.1　在 Windows 7 上安装 Python

在微软 Windows 7 上安装 Python，先用网页浏览器打开 http://www.python.org/，然后下载最新版的 Python 3 安装程序（Installer），如图 1-1 所示[2]。

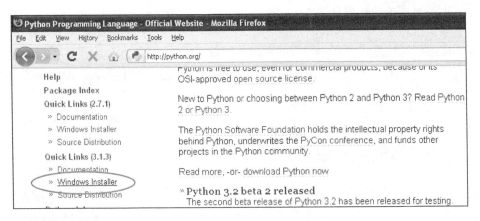

图 1-1　下载安装程序

---

[1] 译者注："Python"这个单词在英文中是"蟒蛇"的意思。
[2] 译者注：该网站为英文网站，上面有一个用中文写的"下载"链接。

NOTE 具体下载哪一个版本的 Python 并不重要，只要是以数字 3 开头就可以。

下载了 Windows 安装程序以后，双击图标，然后按照提示把 Python 安装到默认位置，步骤如下。

1. 选择"Install for All Users"，然后点击"Next"。

2. 不要改变缺省路径，但要留意一下安装的路径（可能是 C:\Python31 或者 C:\Python32）。点击"Next"。

3. 忽略来自安装过程中定义 Python 的部分，点击"Next"。

安装完成后，在你的"开始"菜单中应该多了一项 Python 3，如图 1-2 所示。

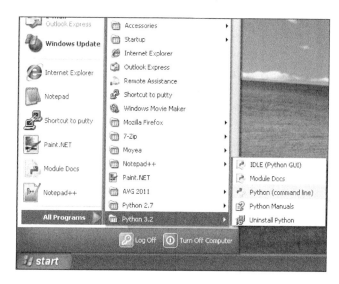

图 1-2 开始菜单

接下来，按如下步骤来把 Python 3 的快捷方式加到桌面上来。

1. 右键点击桌面，从弹出菜单中选择"新建->快捷方式"。

2. 在注有"输入项目的位置"的框中输入下面内容（要确保你输入的路径就是之前所记录的那个）：

```
c:\Python32\Lib\idlelib\idle.pyw -n
```

你会看到如图 1-3 所示的一个对话框。

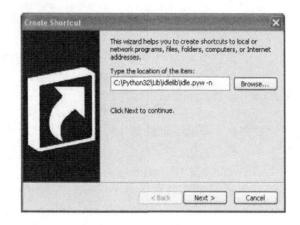

图 1-3   输入项目路径

3.   选择点击 "下一步" 来进入下一个对话框。

4.   输入 IDLE 作为名字，然后点击 "完成" 来创建快捷方式。

现在你可以跳过后面的内容，直接到 "当你安装好 Python 以后" 那一页开始使用 Python 了。

1.2.2　在苹果 OS X 上安装 Python

如果你使用的是苹果电脑，你应该已经有预先安装好的 Python，但它可能是语言的早期版本。要确保你运行的是最新版本，用浏览器打开 http://www.python.org/getit/ 来下载最新版本的苹果安装程序。

有两种不同的安装程序。选择下载哪一个取决于你安装的苹果 OS X 的版本是什么。（在顶部的菜单条上点击苹果图标，然后选择 "关于这台 Mac"）。按照以下操作来选择一个安装程序。

如果你运行的苹果 OS X 的版本介于 10.3 和 10.6 之间，请下载 "32-bit version of Python 3 for i386/PPC"。

如果你运行的苹果 OS X 版本是 10.6 或更高的话，请下载 "64-bit/32-bit version of Python 3 for x86-64"。

当文件下载好以后（它的文件扩展名是.dmg），双击它。你会看到在一个窗口中显示文件的内容，如图 1-4 所示。

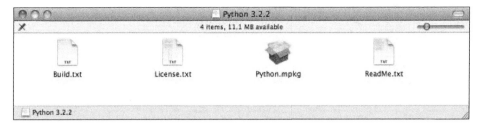

图 1-4 显示文件的窗口

在这个窗口中，双击 Python.mpkg，然后按照提示（英文）安装软件。在安装 Python 前你会被提示输入管理员的密码。（你没有管理员的密码？可能要找你的父母帮忙。）

接下来，你需要在桌面上加上一个脚本来启动 Python 的 IDLE 程序。步骤如下。

1. 点击屏幕右上角的 Spotlight 放大镜图标。

2. 在出现的输入框中输入 Automator。

3. 点击菜单中出现的那个看起来像个机器人一样的应用。

4. 在 Automator 启动后，选择"应用程序"模板，如图 1-5 所示。

5. 点击"选择"来继续。

图 1-5 选择"应用程序"模板

6. 在动作列表中找到"运行脚本",然后把它拖到右边空白处,如图 1-6 所示。

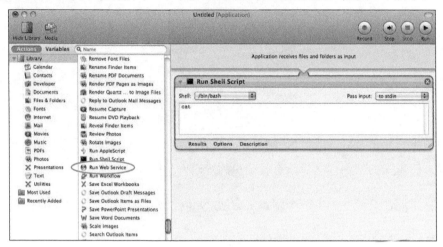

图 1-6 动作列表中的"运行脚本"

7. 在文本框中你会看到一个词"cat"。选择这个词并把它替换成下面的文字:

```
open -a "/Applications/Python 3.2/IDLE.app" --args -n
```

你可能要根据你安装的 Python 版本的不同而改变其中的路径。

8. 选择"文件->保存",然后输入 IDLE 作为名字。

9. 在"哪里"对话框中选择"桌面",然后点击"保存"。

现在你可以跳过后面的内容,直接到"当你安装好 Python 以后"那一页开始使用 Python 了。

1.2.3 在 Ubuntu 上安装 Python

在 Ubuntu Linux 的发布版本中有预先安装好的 Python,但是它可能是较早的版本。按以下步骤在 Ubuntu 12.x 上安装 Python 3。

1. 在边条上选择"Ubuntu 软件中心"(它是个看上去像个桔色袋子的图标,如果你没看到它,可以点击"Dash 主页"图标,然后在对话框中输入 Software)。

2. 在软件中心右上角的搜索框中输入 Python。

3. 在出现的软件列表中选择最新版本的 IDLE,如图 1-7 所示。

图 1-7　选择最新版本的 IDCE

4.　选择安装。

5.　安装软件要输入你的管理员密码，然后点击"授权"。（如果你没有管理员密码的话，可能要找你的父母帮忙。）

NOTE　在有些版本的 Ubuntu 上，你可能只能在主菜单上看到 Python（3.2），而看不到 IDLE，安装它也可以。

现在你已经安装好了最新版本的 Python，让我们来试试它吧。

1.3　当你安装好 Python 以后

现在在你的 Windows 或者苹果 OS X 桌面上应该能看到标有 IDLE 的图标了。如果你用的是 Ubuntu，在"应用"菜单中，你应该能看到一个新的组"编程"，其中有个应用叫 IDLE（使用 Python 3.2）或更早的版本。

双击这个图标，或者选择这个菜单项，你应该会看到如图 1-8 所示的窗口。

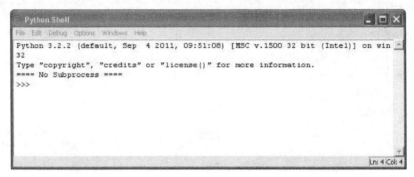

图 1-8 打开 Python Shell 程序

这是"PythonShell 程序"，是 Python 集成开发环境的一部分。这三个大于号（>>>）叫做"提示符"。

让我们在提示符后面输入一些命令，第一个是：

```
>>> print("Hello World")
```

一定要输入里面的（英文）双引号（""）。在输入完这一行后在键盘上按下回车键。如果你正确地输入了这个命令，你应该会看到下面的结果：

```
>>> print("Hello World")
Hello World
>>>
```

提示符会再次出现，通知你 PythonShell 程序准备好接受更多的命令。

恭喜你！你刚刚创建了你的第一个 Python 程序。其中的单词"print"（意为"打印"）是一种叫做"函数"的 Python 命令，它把引号之中的任何内容打印到屏幕上。其实你已经给计算机一个指令来显示"Hello World"，这是一个计算机和你都能理解的指令。

1.4 保存 Python 程序

如果你每次想用 Python 程序时都需要重新输入的话那可太麻烦了，要把它打印出来参考也不是一个可行的办法。当然，重写小程序也没什么，但对于像字处理软件一样的大程序，其中可能包含有超过 10 万页的代码。想象一下，你要把这么一大堆纸背回家，可千万别吹来一阵大风。

幸运的是，我们可以把程序保存起来留在以后用。要保存一个新程序，打开 IDLE 程序，选择"文件->新窗口"；然后会出现一个空白窗口，在菜单条上有"*Untitled*"字样。在新 Shell 窗口中输入下面的代码：

```
print("Hello World")
```

然后，选择"文件->保存"。当提示输入文件名，输入 hello.py，并把文件保存到桌面，然后选择"运行->运行模块"。不出问题的话，你保存的程序就可以运行了，如图 1-9 所示。

图 1-9　保存和运行程序

现在，如果你关闭 Shell 程序窗口，但留着 hello.py 窗口，然后选择"运行->运行模块"，那么 PythonShell 程序会再次出现，并且你的程序会再次运行。（要想不运行程序就重新打开 PythonShell 程序，选择"运行->PythonShell 程序"。）

在运行代码后，你会在桌面上发现一个新的标有 hello.py 的图标，如果你双击这个图标，会短暂地出现一个黑色窗口然后马上消失。到底发生了什么？

你看到的是 Python 命令行控制台（类似于 Shell 程序）启动，打印出"Hello World"，然后退出。如果你有超级英雄一样快速的视觉的话，在窗口关闭前你会看到如图 1-10 所示的内容。

图 1-10 命令行控制台

除了用菜单之外，你还可以用快捷键来创建新的 Shell 程序窗口，保存文件和运行程序。

1. 在 Windows 和 Ubuntu 上用 Ctrl-N 来创建一个新的 Shell 程序窗口，在编辑完毕后用 Ctrl-S 来保存文件，按 F5 来运行程序。

2. 在苹果 OS X 上用⌘-N 来创建一个新的 Shell 程序窗口，用⌘-S 来保存文件，按下功能键（FN）然后按 F5 来运行程序。

1.5 你学到了什么

在这一章里我们以一个简单的 Hello World 程序开始，几乎每个人都是从这个程序开始学习计算机编程的。在下一章中，我们会用 PythonShell 程序做更有用的事情。

第 2 章　计算与变量

好了，现在你的 Python 装好了，也知道如何启动 Python Shell 程序了，那么你就已经准备好用它来做点什么了。我们将从一些简单的计算开始，然后再使用变量。变量是计算机程序中用来保存东西的一种方式，它们能帮你写出有用的程序来。

2.1　用 Python 来做计算

一般来讲，当你要得到两个数字的乘积时你会用计算器或者笔和纸，比方说 8 × 3.57。那么用 PythonShell 程序来运行这个计算是怎么样的？让我们来试一试。

双击桌面上的 IDLE 图标来启动 PythonShell 程序，或者如果你用 Ubuntu 的话，在"应用"菜单中点击 IDLE 图标。在提示符后面输入这个算式：

```
>>> 8 * 3.57
28.56
```

请注意，在 Python 里输入乘法运算时要使用星号（*）而不是乘号（×）。

让我们来试试另一个更有用一点的算式怎么样？

假设你在后院里挖出了一个装着 20 枚金币的袋子。第二天，你偷偷跑到地下室，把这些金币放进你爷爷发明的蒸汽动力的复制机里（很幸运的是你刚好能把 20 枚金币放进去）。你听到机器在吵闹，几个小时后，它吐出 10 枚闪闪发光的新的金币来。

如果在过去一年中的，你每天都这样做一遍的话，在你的财宝箱里会有多少金币？在纸上，这个算式可能会是这样：

$10 \times 365 = 3\,650$

$20 + 3\,650 = 3\,670$

当然，用计算器或者纸也能很容易地做这些运算，但是我们也可以用 PyhonShell 程序来做这些运算。首先，用 10 枚金币乘以一年中的 365 天得到 3 650。接下来，我们加上原来的 20 枚金币就得到了 3 670。

```
>>> 10 * 365
3650
>>> 20 + 3650
3670
```

那么现在，如果要是有一只乌鸦发现了你卧室中闪亮的金子，而且每周它都能成功地飞进来并设法偷走 3 枚金币，那会怎样呢？

到一年结束时你还剩下多少金币？在 Shell 程序中这个算式是这个样子的：

```
>>> 3 * 52
156
>>> 3670 - 156
3514
```

首先，我们用 3 枚金币乘以一年中的 52 周。结果是 156。把这个数字从我们总的金币数（3 670）中减掉，得到的结果是我们在一年结束时还剩下 3 514 枚金币。

这是一个很简单的程序。在这本书里，你将学到如何把这些想法扩展开，写出更有用的程序来。

2.1.1 Python 的运算符

在 PythonShell 程序中，你可以做乘法、加法、减法和除法。还有其他的一些数学运算符，我们现在先不讲。Python 用来做数学运算的那些基本符号叫做"运算符"，在表 2-1 中列出。

表 2-1 　　　　　　　　　　　　　Python 基本运算符

符　号	运　算
+	加
-	减
*	乘
/	除

用斜杠（/）来表示除法是因为这与写分数的方式相似。例如，如果你有 100 个海盗和 20

个大桶，你想算算每个桶里要藏几个海盗，那你可以用 100 个海盗除以 20 个桶（100÷20），在 PythonShell 程序中输入 100 / 20。要记住"斜杠"是顶部靠在右边的那个（靠左的是反斜杠"\"）。

2.1.2　运算的顺序

在编程语言中，我们用括号来控制运算的顺序。任何用到运算符的东西都是一个"运算"。乘法和除法运算比加法和减法优先，也就是说它们先运算。换句话讲，如果你在 Python 中输入一个算式，乘法或者除法的运算会在加法或减法之前。

例如，在下面的算式中，数字 30 和 20 先相乘，然后数字 5 再加到这个乘积上。

```
>>> 5 + 30 * 20
605
```

这个算式是"30 乘以 20，然后把结果再加上 5"的另一种说法。结果是 605。我们可以通过给前面两个数字加上括号来改变运算的顺序。就像这样：

```
>>> (5 + 30) * 20
700
```

这个运算的结果是 700（而不是 605），因为括号告诉 Python 先做括号中的运算，然后再做括号之外的运算。这个例子就是在说："5 加上 30，然后把结果乘以 20。"

括号可以嵌套，就是说括号中还可以有括号，就像这样：

```
>>> ((5 + 30) * 20) / 10
70.0
```

在这个例子中，Python 先计算最里层的括号，然后是外面一层，最后再做那个除法运算。

也就是说，这个算式就是："5 加上 30，然后把结果乘以 20，再把这个结果除以 10。"下面是具体的过程。

- 5 加 30 得到 35。

- 35 乘以 20 得到 700。

- 把 700 除以 10 得到了最终结果 70。

如果我们没用括号，结果就会有些不同：

```
>>> 5 + 30 * 20 / 10
65.0
```

这样的话，30 首先与 20 相乘（得到 600），然后 600 被 10 除（得到 60），最后，加上 5 得到了结果 65。

WARNING 请记住乘法和除法总是在加法和减法之前，除非用括号来控制运算的顺序。

2.2　变量就像是标签

在编写程序时"变量"这个词是指一个存储信息的地方，例如数字、文本、由数字和文本组成的列表等等。另一种看待变量的方式是它就像贴在东西上的标签。

例如，要创造一个叫 fred 的变量，我们用等于号（=）然后告诉 Python 这个标签是贴在什么信息上的。下面，我们创建了 fred 这个变量并告诉 Python 它给数字 100 加上了标签（注意这并不意味着其他变量不能有同样的数值）：

```
>>> fred = 100
```

想知道一个变量给什么值加了标签，在 Shell 程序中输入 print，后面括号里是变量的名字，就像这样：

```
>>> print(fred)
100
```

我们也可以让 Python 来改变变量 fred 使它成为其他东西的标签。例如，下面是如何把 fred 改成数字 200。

```
>>> fred = 200
>>> print(fred)
200
```

在第一行，我们说 fred 成为数字 200 的标签。在第二行，我们问 fred 它标记的是什么，就是为了确认这个改变。Python 在最后一行打印出结果。

我们也可以使用不只一个标签（多个变量）来标记同一件东西：

```
>>> fred = 200
>>> john = fred
>>> print(john)
200
```

在这个例子中，我们通过在 john 和 fred 之间使用等号来告诉 Python，我们想让名字（或者说变量）john 与 fred 标记同一个东西。

当然，fred 对于变量来讲可能不是一个很有用的名字，因为它很可能根本没告诉我们这个变量是干什么用的。现在不用 fred，让我们把变量起名字叫 number_of_coins（金币的数量），像这样：

```
>>> number_of_coins = 200
>>> print(number_of_coins)
200
```

这就明确了我们是在说 200 枚金币。

变量名可以由字母、数字和下划线字符（_）组成，但是不能由数字开头。从一个字母（如 a）到长长的句子都可以用来做变量名（变量名不能包含空格，所以要用下划线来分隔单词）。有些时候，如果你在匆忙地做一些事情，那么短一点的变量名最好。选择什么样的名字取决于你需要让这个变量名有多么大的含意。

现在你知道如何创建变量了，让我们看看如何使用他们。

2.3 使用变量

还记得我们的那个算式吗？如果你能用地下室里你爷爷的疯狂发明魔法般地创造出新金币

来，那么用来计算在一年后你会有多少金币的算式是这样的：

```
>>> 20 + 10 * 365
3670
>>> 3 * 52
156
>>> 3670 - 156
3514
```

我们可以把它写在一行代码里：

```
>>> 20 + 10 * 365 - 3 * 52
3514
```

那么，如果我们把这些数字变成变量呢？试着像下面这样输入：

```
>>> found_coins = 20
>>> magic_coins = 10
>>> stolen_coins = 3
```

这些输入的代码会创建出变量 found_coins（找到的金币）、magic_coins（魔法金币）和 stolen_coins（被偷走的金币）。

那么现在，我们可以这样重新输入算式：

```
>>> found_coins + magic_coins * 365 - stolen_coins * 52
3514
```

你可以看到它给出了同样的答案。所以，谁会在乎用哪种方式呢？对吧？嘿嘿，下面就要展示变量的魔力了。假如你在窗子上粘贴了一个稻草人，乌鸦这回只能偷到两枚金币而不是三枚了呢？如果我们用了变量，只要简单地把变量改为新的数字，那么在算式中每个用到它的地方都会改变。我们可以这样输入来把变量 stolen_coins 改为 2：

```
>>> stolen_coins = 2
```

然后我们可以拷贝粘贴算式来重新计算，步骤如下。

1.　如图 2-1 所示，点击鼠标从这行的开头到结尾选中要拷贝的文本。

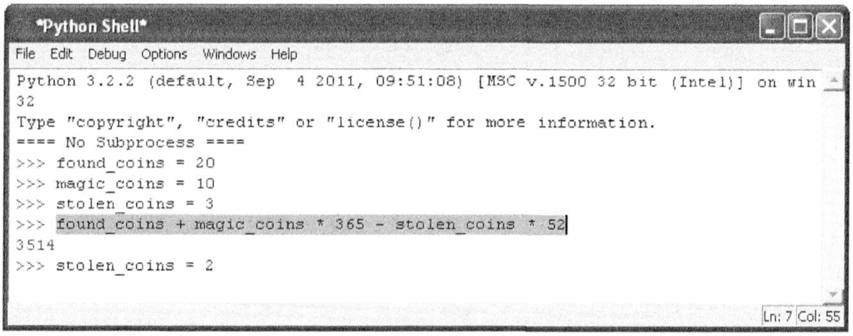

图 2-1 选中要拷贝的文本

2. 按住 Ctrl 键（如果你用苹果电脑则为⌘键）然后按 C 来拷贝选中的文本（以后我们用 Ctrl-C 来代表这个操作）。

3. 点击最后一个提示符（在 stolen_coins = 2 之后）。

4. 按住 Ctrl 键然后按 V 来粘贴选中的文本（以后我们用 Ctrl-V 来代表这个操作）。

5. 按回车键就会看到新的结果，如图 2-2 所示。

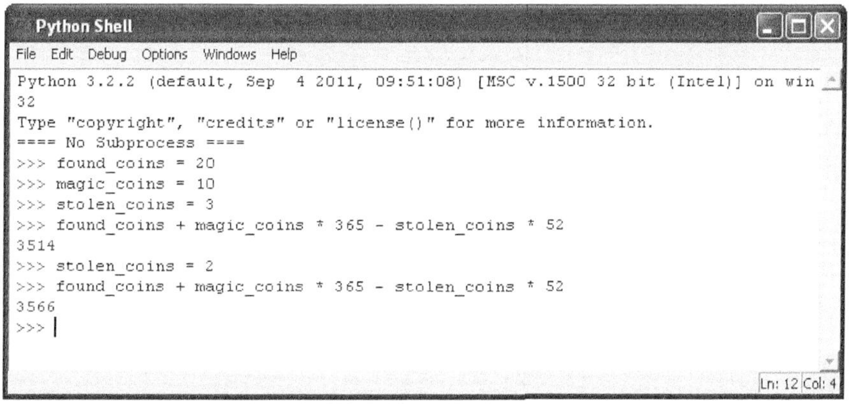

图 2-2 新的运行结果

是不是比重新键入整个算式容易多了？那还用说！

你可以试试改变其他的变量，然后拷贝（Ctrl-C）并粘贴（Ctrl-V）算式来观察改变的效果。例如，如果你在恰当的时刻在边上猛敲一下你爷爷的发明，那么它每次会多吐出 3 枚金币，你会发现一年后你将得到 4 661 枚金币：

```
>>> magic_coins = 13
>>> found_coins + magic_coins * 365 - stolen_coins * 52
4661
```

当然，用变量来做这样简单的计算，它的用处仍然很有限。我们还没见过它真正大展拳脚。现在，只要记住变量就是一种给事物加标签的方法，从而让我们以后可以使用它们就可以了。

2.4 你学到了什么

在这一章里，你学到了如何用 Python 操作符来做简单计算以及如何用括号来控制 Python 计算算式中各部分的顺序。我们还创建了变量来给数值加上标签并在计算中使用这些变量。

第 3 章　字符串、列表、元组和字典

在第 2 章里，我们用 Python 做了一些基本的运算，并且学习了变量。在这一章里，我们会学习 Python 编程中的另一些内容：字符串（string）、列表（list）、元组（tuple）和字典（map）。你会学到字符串是用于在程序中显示消息的（比如在游戏里"准备"和"游戏结束"这样的消息）。你还会学到列表、元组和字典是如何用来存储成批的东西的。

3.1　字符串

在编写程序的术语中，我们通常把文字称为"字符串"（string）。如果你把字符串想象成一堆字的组合的话，这个名字还挺形象的。本书中的所有的字、数字以及符号都可以是一个字符串。并且你的名字也可以是个字符串，你家的地址也是。事实上，在第 1 章中我们创建的第一个 Python 程序用到了一个字符串 "Hello World"。

3.1.1　创建字符串

在 Python 中，我们通过给文本添加引号来创建一个字符串。把文字用引号括起来就创建了字符串。例如，在第 2 章中没什么太大用处的那个变量 fred 可以用来标记一个字符串，像这样：

```
fred = "Why do gorillas have big nostrils? Big fingers!!"
```

（注意，引号为英文半角""，而非中文全角""。）

然后，要看看 fred 里放的是什么，只要输入 print(fred)，就像这样：

```
>>> print(fred)
Why do gorillas have big nostrils? Big fingers!!
```

你也可以用单引号来创建一个字符串，像这样：

```
>>> fred = 'What is pink and fluffy? Pink fluff!!'
>>> print(fred)
What is pink and fluffy? Pink fluff!!
```

然而，要是你只用一个单引号（ ' ）或者双引号（ " ）来输入超过一行的文字，或者用一种引号开头并尝试用另一种引号结尾的话，你就会在 Python Shell 程序中得到一条错误信息。例如，输入如下一行：

```
>>> fred = "How do dinosaurs pay their bills?
```

你会看到下面的结果：

```
SyntaxError: EOL while scanning string literal
```

语法错误：扫读字符串文本时遇到了 EOL 行结尾

这里的出错信息报告说语法有问题，因为你没有遵守用单引号或双引号结束字符串的规则。

Syntax（语法）指语句中文字的排列和顺序，或者像在本例中一样，指程序中文字与符号的排列和顺序。因此 SyntaxError（语法错误，Error 是错误的意思）的含义是你写的东西的顺序不在 Python 的意料之中，或者 Python 意料中应该出现的东西被你漏掉了。EOL 是 end-of-line（行结尾）的意思，因此后面的出错信息是在告诉你 Python 碰到了行的结尾却没有找到结束字符串的双引号。

要在字符串中使用多于一行的文字（简称多行字符串），得使用三个单引号（'''），然后在行之间输入回车，像这样：

```
>>> fred = '''How do dinosaurs pay their bills?
With tyrannosaurus checks!'''
```

现在让我们把 fred 的内容打印出来看看对不对：

```
>>> print(fred)
How do dinosaurs pay their bills?
With tyrannosaurus checks!
```

3.1.2 处理字符串相关的问题

现在来看看这个乱七八糟的字符串例子，它会让 Python 显示一条错误信息：

```
>>> silly_string = 'He said, "Aren't can't shouldn't wouldn't."'
SyntaxError: invalid syntax
```

在第一行，我们想要创建一个由单引号括起来的字符串（变量的名叫 silly_string），但是其中混着一些带有单引号的词 can't，shouldn't 和 wouldn't，还有一对双引号。太乱了!

要记住 Python 可没有人那么聪明，因此它所见到的只是一个包含了 He said, "Aren 的字符串，后面跟着它意料之外的一大堆其他字符。当 Python 看到一个引号时（无论是单引号还是双引号），它期望在同一行的后面是一个从第一个引号开始到下一个对应的引号（无论是单引号还是双引号）结束的字符串。在这个例子中，字符串是从 He 之前的一个单引号标记开始，对于 Python 来讲，这个字符串的结尾是在 Aren 的 n 之后的那个单引号。在 IDLE 中出错的地方被高亮显示，如图 3-1 所示。

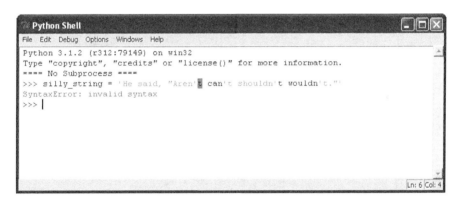

图 3-1　出错的地方高亮显示

IDLE 中的最后一行告诉我们出现了什么类型的错误。在本例中，这是个语法错误。

使用双引号来代替单引号的话，仍然会产生错误：

```
>>> silly_string = "He said, "Aren't can't shouldn't wouldn't.""
SyntaxError: invalid syntax
```

这一次，Python 看到了一个由双引号括起来的字符串，内容为 He said,（结尾还有一个空格）。这个字符串之后（从 Aren't 开始）引发了错误。如图 3-2 所示。

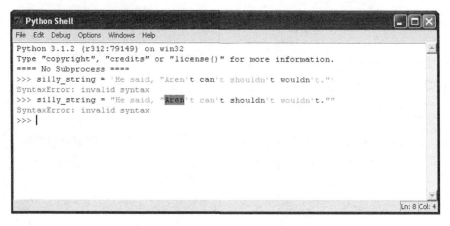

图 3-2　引发错误

这是因为从 Python 的角度来讲，所有这些额外的东西根本就不应该在那里。Python 只知道
要找到下个对应的引号，但却不知道你写在同一行上的后面
那些东西是想做什么。

解决这个问题的方法就是用多行字符串，我们在之前已经学过
了，就是使用三个单引号（'''），它可以让我们在字符串中加
入单引号和双引号而不会引起错误。事实上，如果我们用三个
单引号的话，我们可以在字符串中放入任意单引号和双引号的
组合（只要不把三个单引号放进去就行）。我们那个字符串无错的版本是这样的：

```
silly_string = '''He said, "Aren't can't shouldn't wouldn't."'''
```

别急，还有呢。在 Python 里，如果你真的很想用单引号或者双引号而不是三个单引号来括
起的字符串的话，你可以在字符串中间的每个引号前加上一个反斜杠（\）。这叫做"转义"
（escaping）。我们用这种方式告诉 Python："是的，我知道在我的字符串中间有引号，希望
你忽略它们直到看见结束的那个引号为止。我在字符串里面放进了引号，请忽略它，接着向
下找结束的那个引号。"

转义的字符串很难阅读，所以更好的方法可能还是用多行字符串。可是你还是有可能会碰到
使用转义的代码片段，所以最好也要了解一下为什么用到了反斜杠。

下面是几个使用转义的例子：

```
❶ >>> single_quote_str = 'He said, "Aren\'t can\'t shouldn\'t wouldn\'t."'
❷ >>> double_quote_str = "He said, \"Aren't can't shouldn't wouldn't.\""
  >>> print(single_quote_str)
  He said, "Aren't can't shouldn't wouldn't."
  >>> print(double_quote_str)
  He said, "Aren't can't shouldn't wouldn't."
```

首先，在❶中，我们用单引号创建了一个字符串，在字符串里面的每个单引号前面加上了反斜杠。在❷中，我们用双引号创建了一个字符串，在字符串里的那些双引号前面加上了反斜杠。在接下来的那几行上，我们把刚刚创建的变量打印出来。请注意反斜杠字符不会出现在我们打印出的字符串里。

3.1.3 在字符串里嵌入值

如果你想显示一条使用变量中内容的信息，你可以用%s 来把值嵌入到字符串里面，它就像为你以后所要加入的值所做的一个标记（嵌入值用程序员的话说，就是"把值插入到某位置"）。例如，要想先让 Python 计算或者存储你在某游戏中的得分，然后把它加入到像"我得到了＿＿＿分"这样的一句话中，可以在这句话中用%s 来代替值，然后告诉 Python 这个值是什么。就像这样：

```
>>> myscore = 1000
>>> message = 'I scored %s points'
>>> print(message % myscore)
I scored 1000 points
```

在这里，我们创建了一个变量 myscore，它的值是 1000，还创建了一个变量 message，这个字符串的内容是"我得到了%s 分"，其中的%s 是得分的占位符。在下一行里，我们在对 print(message) 的调用中使用%符号来告诉 Python 把%s 替换成保存在变量 myscore 中的值。打印这个信息的结果是"我得到了 1000 分"。这里的值不是必须用变量。我们同样也可以写成 print(message % 1000)。

对于同一个%s 占位符我们可以用不同的变量来传给它不同的值，就像下面这个例子：

```
>>> joke_text = '%s: a device for finding furniture in the dark'
>>> bodypart1 = 'Knee'
>>> bodypart2 = 'Shin'
>>> print(joke_text % bodypart1)
Knee: a device for finding furniture in the dark
>>> print(joke_text % bodypart2)
Shin: a device for finding furniture in the dark
```

在这里，我们创建了三个变量。第一个，joke_text，它的内容为带有%s 标记的字符串。另外两个变量是 bodypart1 和 bodypart2。在打印变量 joke_text 时，我们可以再次用%运算符来替换 bodypart1 或 bodypart2 的内容从而产生不同的信息。

在一个字符串中你也可以使用多个占位符，就像这样：

```
>>> nums = 'What did the number %s say to the number %s? Nice belt!!'
>>> print(nums % (0, 8))
What did the number 0 say to the number 8? Nice belt!!
```

当使用多个占位符时，一定要像示例中那样把替换的值用括号括起来。值排放的顺序就是它们在字符中被引用到的顺序。

3.1.4 字符串乘法

10 乘以 5 等于什么？答案当然是 50。可是 10 乘以 a 呢？下面是 Python 给出的答案：

```
>>> print(10 * 'a')
aaaaaaaaaa
```

举个例子，当在 Shell 程序中显示消息时，Python 程序员可以采用这个功能来用一定数量的空格对齐字符串。让我们在 Shell 程序中打印一封信（在菜单上选择“文件→新建窗口”，然后输入以下代码）：

```
spaces = ' ' * 25
print('%s 12 Butts Wynd' % spaces)
print('%s Twinklebottom Heath' % spaces)
print('%s West Snoring' % spaces)
print()
print()
print('Dear Sir')
print()
print('I wish to report that tiles are missing from the')
print('outside toilet roof.')
print('I think it was bad wind the other night that blew them away.')
print()
print('Regards')
print('Malcolm Dithering')
```

在 Shell 程序窗口输入代码完成后，选择“文件→另存为”。把你的文件命名为 myletter.py。

NOTE　从现在开始，当你看到对于一段代码做"另存为：某文件名.py"时，你应该知道要先选择"文件→新建窗口"，在出现的新窗口中输入代码，然后像在这个例子中一样保存代码。

在这个例子里的第一行，我们创建了一个变量 spaces，它是把一个空格乘以 25 的结果。然后在接下来的三行里，我们用这个变量来让文本在 Shell 程序的右边对齐。你可以在图 3-3 中见到这些 print 语句的输出结果。

图 3-3　文件对齐的效果

除了用乘法来对齐，我们也可以用它来让屏幕上充满无聊的信息。你可以自己试试这个：

```
>>> print(1000 * 'snirt')
```

3.2　列表比字符串还强大

"蜘蛛腿、青蛙脚趾头、蝾螈眼、蝙蝠翅、鼻涕虫油和蛇蜕皮"，这不是普通的采购清单（除非你是个巫师），不过我们要用它来作为例子来看看字符串和列表有什么不同。

我们可以把清单上的这一系列元素用字符串的形式放到变量 wizard_list 中：

```
>>> wizard_list = 'spider legs, toe of frog, eye of newt, bat wing,
slug butter, snake dandruff'
>>> print(wizard_list)
spider legs, toe of frog, eye of newt, bat wing, slug butter, snake
dandruff
```

但我们也可以创建一个列表（list），这是一种有点魔力的 Python 对象，我们可以操纵它。
下面是这些元素写成列表的样子：

```
>>> wizard_list = ['spider legs', 'toe of frog', 'eye of newt',
                   'bat wing', 'slug butter', 'snake dandruff']
>>> print(wizard_list)
['spider legs', 'toe of frog', 'eye of newt', 'bat wing', 'slug
butter', 'snake dandruff']
```

创建一个列表比创建一个字符串要多敲几下键盘，但是列表比字符串更有用，因为我们可以
对它进行操作。例如，在方括号（[]）中输入列表中的位置（这叫"索引位置"），我们就
可以打印 wizard_list 中的第三个元素（蝾螈眼）。就像这样：

```
>>> print(wizard_list[2])
eye of newt
```

啊？这不是列表中的第三个元素么？是的，但是列表是从位置 0 开始索引，所以列表中的第
一个元素是 0，第二个是 1，然后第三个是 2。这对于人类来讲可能说不通，但对计算机来
讲就是这样的。

改变列表中的一个元素比起在字符串中也容易多了。可能我们不想要蝾螈眼了，而想要蜗牛
舌。下面是如何让我们的列表做到这个：

```
>>> wizard_list[2] = 'snail tongue'
>>> print(wizard_list)
['spider legs', 'toe of frog', 'snail tongue', 'bat wing', 'slug
butter', 'snake dandruff']
```

这样就把索引位置 2 中原来是蝾螈眼的元素设置为蜗牛舌了。

另一个操作是显示列表的一个子集。我们通过在方括号中使用冒
号（:）来做到这一点。例如，输入下面的代码就能看到从第三
个到第五个元素组成的一个列表（这些材料用来做一个可爱的三

明治）：

```
>>> print(wizard_list[2:5])
['snail tongue', 'bat wing', 'slug butter']
```

写上[2:5]就如同在说："显示从索引位置2直到（但不包含）索引位置5的元素"，换句话说，就是元素2、3和4。

列表可以用来存放各种元素，比如数字：

```
>>> some_numbers = [1, 2, 5, 10, 20]
```

它们也可以用来放字符串：

```
>>> some_strings = ['Which', 'Witch', 'Is', 'Which']
```

他们还可以把数字和字符串混合在一起：

```
>>> numbers_and_strings = ['Why', 'was', 6, 'afraid', 'of', 7,
                           'because', 7, 8, 9]
>>> print(numbers_and_strings)
['Why', 'was', 6, 'afraid', 'of', 7, 'because', 7, 8, 9]
```

（译者注：同学，你看懂这个笑话了么？英语中ate是吃掉的意思，读音和eight一样……）

列表中甚至可以保存其他列表：

```
>>> numbers = [1, 2, 3, 4]
>>> strings = ['I', 'kicked', 'my', 'toe', 'and', 'it', 'is', 'sore']
>>> mylist = [numbers, strings]
>>> print(mylist)
[[1, 2, 3, 4], ['I', 'kicked', 'my', 'toe', 'and', 'it', 'is', 'sore']]
```

这个列表中又有列表的例子中创建了三个变量：numbers中有四个数字，strings中有八个字符串，mylist中是numbers和strings。第三个列表（mylist）只有两个元素，因为它是变量名的列表，而不是这些变量的内容组成的列表。

3.2.1　添加元素到列表

要在列表中添加元素，我们要用到append函数。"函数"就是让Python做某些事情的一段代码。在这个例子里，append把一个元素加到列表的最后。

例如，要在巫师的采购单上增加一项熊饱嗝（我觉得肯定有这么个东西）可以这样做：

```
>>> wizard_list.append('bear burp')
>>> print(wizard_list)
['spider legs', 'toe of frog', 'snail tongue', 'bat wing', 'slug
butter', 'snake dandruff', 'bear burp']
```

你可以一直这样向巫师的清单上添加魔法元素，像这样：

```
>>> wizard_list.append('mandrake')
>>> wizard_list.append('hemlock')
>>> wizard_list.append('swamp gas')
```

现在，巫师的清单看起来是这样的：

```
>>> print(wizard_list)
['spider legs', 'toe of frog', 'snail tongue', 'bat wing', 'slug
butter', 'snake dandruff', 'bear burp', 'mandrake', 'hemlock', 'swamp
gas']
```

这个巫师显然已经准备好搞出些像样的魔法来了！

3.2.2 从列表中删除元素

用 del 命令（delete，删除的缩写）从列表中删除元素。例如，要从巫师的列表中删除第六个元素"蛇蜕皮"，要这样做：

```
>>> del wizard_list[5]
>>> print(wizard_list)
['spider legs', 'toe of frog', 'snail tongue', 'bat wing', 'slug
butter', 'bear burp', 'mandrake', 'hemlock', 'swamp gas']
```

NOTE 要记住位置是从零开始的，所以 wizard_list[5]实际上指向了列表中的第六个元素。

下面是如何把我们刚加上去的元素删掉（曼德拉草，毒芹和沼气）：

```
>>> del wizard_list[8]
>>> del wizard_list[7]
>>> del wizard_list[6]
>>> print(wizard_list)
['spider legs', 'toe of frog', 'snail tongue', 'bat wing', 'slug
butter', 'bear burp']
```

3.2.3 列表上的算术

把列表相加就能把它们连起来，就像使用加号（+）把数字相加。例如，假设我们有两个列表，list1 里是从 1 到 4 的数字，list2 里是一些单词。我们可以用 print 和+符号来把它们加起来，就像这样：

```
>>> list1 = [1, 2, 3, 4]
>>> list2 = ['I', 'tripped', 'over', 'and', 'hit', 'the', 'floor']
>>> print(list1 + list2)
[1, 2, 3, 4, 'I', 'tripped', 'over', 'and', 'hit', 'the', 'floor']
```

我们也可以把两个列表相加把结果设置给另一个变量。

```
>>> list1 = [1, 2, 3, 4]
>>> list2 = ['I', 'ate', 'chocolate', 'and', 'I', 'want', 'more']
>>> list3 = list1 + list2
>>> print(list3)
[1, 2, 3, 4, 'I', 'ate', 'chocolate', 'and', 'I', 'want', 'more']
```

我们也可以把列表乘以一个数字。例如，把 list1 乘以 5 就写作 list1 * 5：

```
>>> list1 = [1, 2]
>>> print(list1 * 5)
[1, 2, 1, 2, 1, 2, 1, 2, 1, 2]
```

这实际上就是告诉 Python 把 list1 重复五次，结果是 1, 2, 1, 2, 1, 2, 1, 2, 1, 2。

然而除法（/）和减法（-）只会产生错误，就像下面一样：

```
>>> list1 / 20
Traceback (most recent call last):
  File "<pyshell>", line 1, in <module>
    list1 / 20
TypeError: unsupported operand type(s) for /: 'list' and 'int'

>>> list1 - 20
Traceback (most recent call last):
  File "<pyshell>", line 1, in <module>
    list1 - 20
TypeError: unsupported operand type(s) for -: 'list' and 'int'
```

可这是为什么呢？这个么，用+来连接列表和用*来重复列表都是很直接明了的操作。这些概念在现实世界中也说得通。例如，如果我交给你两张购物清单的纸，然后和你说："把这两个单子加在一起"，你可能就会在另一张纸上把所有的元素都从头到尾按顺序写一遍。同样如果我说："把这个列表翻 3 倍"，你也会想到再用一张纸把所有的列表元素写三遍。

但是怎么给列表做除法呢？例如，想想你该如何把一个由六个数字（1 到 6）组成的列表一分为二。这里起码有 3 种不同的做法：

```
[1, 2, 3]      [4, 5, 6]
[1]            [2, 3, 4, 5, 6]
[1, 2, 3, 4]   [5, 6]
```

你是想要把列表从中间分开，从第一个元素之后分开，还是随便从什么地方分开？这个没有简单的答案，如果你让 Python 来分开一个列表的话，它也不知道该做什么。这就是为什么它回应了一条错误。

如果把除了列表以外的其他东西加到列表上也会得到同样的错误。你也不能这样做。例如，如果我们要把数字 50 加到列表上就会发生这样的事情：

```
>>> list1 + 50
Traceback (most recent call last):
  File "<pyshell>", line 1, in <module>
    list1 + 50
TypeError: can only concatenate list (not "int") to list
```

为什么在这里会出错？嗯，把列表加上 50 是什么意思？是要把每个元素都加上 50 吗？但如果这些元素不是数字怎么办？是要把数字 50 加到列表的开头或者结尾吗？

在计算机编程中，每次你输入同一个命令它都应该完全以同样的方式工作。计算机这个笨蛋看东西非黑即白。如果让它来做个混乱不清的决定，那它就只能举手投降，报出错误来。

3.3　元组

元组就像是一个使用括号的列表。例如：

```
>>> fibs = (0, 1, 1, 2, 3)
>>> print(fibs[3])
2
```

这里，我们把变量 fibs 定义为数字 0、1、1、2 和 3。然后，就像用列表一样，我们把元组中索引位置为 3 的元素打印出来：print(fibs[3])。

元组与列表的主要区别在于元组一旦创建就不能再做改动了。例如，如果我们想要把元组 fibs 中的第一个值替换成 4 的话（就像我们替换 wizard_list 里的值一样），我们会得到一条错误信息：

```
>>> fibs[0] = 4
Traceback (most recent call last):
  File "<pyshell>", line 1, in <module>
    fibs[0] = 4
TypeError: 'tuple' object does not support item assignment
```

那为什么还要用元组而不用列表呢？主要是因为有时候对一些你知道永远不会改变的事情还是很有用的。如果你创建一个由两个元素组成的元组，它里面将一直就放着这两个元素。

3.4　Python 里的 map 不是用来指路的

在 Python 里，像列表和元组一样，字典（dict，是 dictionary 的缩写。也叫 map，映射）也是一堆东西的组合。字典与列表或元组不同的地方在于字典中的每个元素都有一个键（key）和一个对应的值（value）。

例如，假设我们有一个列表，上面是一些人和他们最喜爱的运动。我们可以把这个信息放到 Python 的列表中，名字在前，他们最喜爱的运动在后：

```
>>> favorite_sports = ['Ralph Williams, Football',
                'Michael Tippett, Basketball',
                'Edward Elgar, Baseball',
                'Rebecca Clarke, Netball',
                'Ethel Smyth, Badminton',
                'Frank Bridge, Rugby']
```

如果我问你 Rebecca Clarke 最喜爱的运动是什么，你可能要浏览这个列表才能找到答案：网球。但是如果列表中有 100 个（或者更多）人呢？

现在，如果我们把同样的信息放到字典中，把人名作为键，把他们喜爱的运动作为值，那么 Python 代码看起是这样的：

```
>>> favorite_sports = {'Ralph Williams' : 'Football',
                       'Michael Tippett' : 'Basketball',
                       'Edward Elgar' : 'Baseball',
                       'Rebecca Clarke' : 'Netball',
                       'Ethel Smyth' : 'Badminton',
                       'Frank Bridge' : 'Rugby'}
```

我们用冒号把每个键和它的值分开，每个键和值都分别用单引号括起来。还要注意字典中的所有元素都是用大括号（{}）括起来的，而不是圆括号或者方括号。

这样做的结果就得到了一个映射表（每个键对应一个特定的值），如表 3-1 所示。

表 3-1   最喜爱运动对照表中的键和所指向的值

Key	Value
Ralph Williams	Football
Michael Tippett	Basketball
Edward Elgar	Baseball
Rebecca Clarke	Netball
Ethel Smyth	Badminton
Frank Bridge	Rugby

现在，如果要得到 Rebecca Clarke 最喜爱的运动，我们可以通过用她的名字作为键来访问我们的字典，就像这样：

```
>>> print(favorite_sports['Rebecca Clarke'])
Netball
```

结果是网球。

想要删除字典中的值，就要用到它的键。下面是如何删除 Ethel Smyth 的例子：

```
>>> del favorite_sports['Ethel Smyth']
>>> print(favorite_sports)
{'Rebecca Clarke': 'Netball', 'Michael Tippett': 'Basketball', 'Ralph
Williams': 'Football', 'Edward Elgar': 'Baseball', 'Frank Bridge':
'Rugby'}
```

要替换字典中的值，也要用到它的键：

```
>>> favorite_sports['Ralph Williams'] = 'Ice Hockey'
>>> print(favorite_sports)
{'Rebecca Clarke': 'Netball', 'Michael Tippett': 'Basketball', 'Ralph
Williams': 'Ice Hockey', 'Edward Elgar': 'Baseball', 'Frank Bridge':
'Rugby'}
```

我们用 Palph Willians 作为键，把他最喜爱的运动从足球改成了冰球。

如你所见，使用字典与使用列表和元组类似，只是你不能用+运算符来把两个字典连在一起。

如果你试一下的话就会看到一条错误信息：

```
>>> favorite_sports = {'Rebecca Clarke': 'Netball',
                       'Michael Tippett': 'Basketball',
                       'Ralph Williams': 'Ice Hockey',
                       'Edward Elgar': 'Baseball',
                       'Frank Bridge': 'Rugby'}
>>> favorite_colors = {'Malcolm Warner' : 'Pink polka dots',
                       'James Baxter' : 'Orange stripes',
                       'Sue Lee' : 'Purple paisley'}
>>> favorite_sports + favorite_colors
Traceback (most recent call last):
  File "<stdin>", line 1, in <module>
TypeError: unsupported operand type(s) for +: 'dict' and 'dict'
```

在 Python 中，连接两个字典没有意义，所以它只能放弃。

3.5 你学到了什么

在这一章中，你学到了 Python 是如何用字符串来保存文字的，以及它是如何用列表和元组来处理多个元素的。你明白了列表中的元素可以改变，并且你可以把一个列表和另一个列表连在一起，但是元组中的值是不能改变的。你还学到了如何用字典来保存值，还有用来标识它们的键。

3.6 编程小测验

下面是几个试验，你可以自己试一试。答案可以在网站 http://python-for-kids.com/ 上找到。

#1：最爱

把你的爱好列出来，并把这个列表起个变量名 games。现在把你喜欢的食物列出来，起个变量名为 foods。把这两个列表连在一起并把结果命名为 favorites。最后，把变量 favorites 打印出来。

#2：战士计数

如果有三座建筑，每座的房顶藏有 25 个忍者，还有 2 个地道，每个地道里藏有 40 个武士，那么一共有多少个忍者和武士准备投入战斗？（你可以在 PythonShell 程序里用一个算式做出来。）

#3：打招呼

创建两个变量：一个指向你的姓一个指向你的名。创建一个字符串，用占位符使用这两个变量来打印带有你名字的信息，比如"你好，郑尹加！"

第 4 章 用海龟画图

Python 里的海龟有点像真实世界中的海龟。我们知道，海龟是一种爬行动物，背上背着自己的房子，缓慢地四处爬。在 Python 的世界里，海龟是一个小小的黑色箭头，它在屏幕上慢慢移动。Python 里的海龟在移动时后面会留下轨迹，实际上更像是蜗牛或者鼻涕虫。

海龟是学习基本计算机作图的好方法，所以在这一章里我们会用 Python 的海龟来画一些简单的形状和线。

4.1 使用 Python 的 turtle（海龟）模块

在 Python 中，模块是给别的程序提供有用的代码的一种方式（用处之一就是模块可以包含供我们使用的函数）。我们会在第 7 章中学到更多关于模块的内容。Python 有一个叫 turtle 的特殊模块，我们可以用它来学习计算机是如何在屏幕上画图的。turtle 这个模块提供了编写向量图的方法，基本上就是画简单的直线、点和曲线。

我们来看看海龟是如何工作的。首先，点击桌面上的图标来打开 Python Shell 程序（或者如果你用的是 Ubuntu 的话，选择 "应用程序->编程->IDLE"）。接下来让 Python 引入 turtle 模块，就像这样：

```
>>> import turtle
```

引入模块就是告诉 Python 你想要使用它。

NOTE 如果你用 Ubuntu 并且得到了错误信息的话，你可能需要安装 tkinter。做法是打开 Ubuntu 软件中心，在搜索框中输入 python-tk。你应该会在窗口中看到 "Tkinter - Writing Tk Applications with Python"。点击 "安装" 来安装这个包。

4.1.1　创建画布

现在既然我们已经引入了 turtle 模块，接下来我们要创建一个画布，也就是一个用来画图的空白空间，就像艺术家的画布一样。做法是调用 turtle 模块中的 Pen 函数，它会自动创建一个画布。在 PythonShell 程序中输入：

```
>>> t = turtle.Pen()
```

你应当会看到一个空白的方块（画布），中间有一个箭头，如图 4-1 所示。

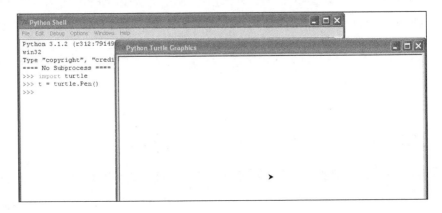

图 4-1　空白画布

屏幕中间的那个箭头就是海龟，怎么样？看上去有点像吧？

如果海龟窗口出现在 PythonShell 程序窗口的后面，你可能会发现好像有问题。当你把鼠标挪到海龟窗口上时，光标变成了沙漏，如图 4-2 所示。

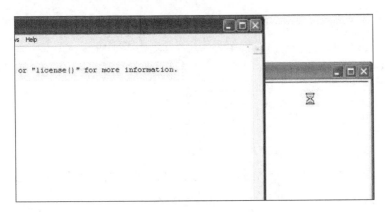

图 4-2　光标变成了沙漏

这可能会有几个原因：你不是通过桌面上的图标来启动 Shell 程序（如果你用的是 Windows 或者苹果电脑），你点击的是 Windows 开始菜单中的 IDLE（Python 图形界面），或者 IDLE 的安装有问题。尝试退出并用桌面图标来重启 Shell 程序。如果还不行，尝试用 Python 控制台而不是 Shell 程序，操作如下。

- 在 Windows 中，选择"开始->所有程序"，然后在 Python 3.2 的组中点击 Python（command line）。

- 在 Mac OS X 中，点击屏幕右上角的 Spotlight 图标，然后在输入框中输入"终端"。在终端程序打开后输入 python。

- 在 Ubuntu 中，从应用菜单中打开终端程序并输入 python。

4.1.2　移动海龟

我们要使用刚刚创建的变量 t 上面的函数来给海龟发指令。

有点类似于在 turtle 模块中使用 Pen 函数。例如，forward 指令让海龟向前移动。要让海龟向前移动 50 个像素，输入下面的命令：

```
>>> t.forward(50)
```

你看到的结果如图 4-3 所示。

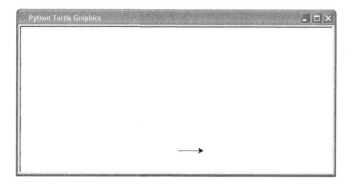

图 4-3　运行结果

海龟向前移动了 50 个像素。一个像素就是屏幕上的一个点，也就是可以表现出的最小元素。

你在计算机显示器上看到的所有东西都是由像素组成的，它们是很小的、方形的点。如果你可以放大来看画布和上面我们画的那条线的话，你可能会看到用来表示海龟的那个箭头就是一堆像素，如图 4-4 所示。这就是简单的计算机作图。

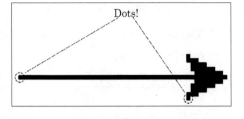

图 4-4　放大后的效果

现在，我们要用下面的命令让海龟左转 90 度：

```
>>> t.left(90)
```

如果你还没学过角度的概念，那么这样想：想象一下你站在一个圆的圆心上。

- 你面对的方向的角度为 0 度。

- 如果你伸平左臂，这就是向左 90 度方向。

- 如果你伸平右臂，这就是向右 90 度方向。

从图 4-5 中你可以看到向左或向右的 90 度。

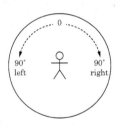

图 4-5　向左或向右 90 度

如果从你右手臂指向的方向继续画圈向右转动，在你正后方的是 180 度，你左手臂所指的方向是 270 度，回到你开始的地方就是 360 度。角度从 0 开始到 360 结束。完整一圈的角度，向右转时每次增加 45 度，如图 4-6 所示。

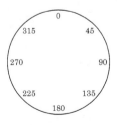

图 4-6　每次增加 45 度

当 Python 的海龟向左转时，它会转动面向新的方向（就像你转动身体面向左臂所指的向左90 度一样）。

t.left(90)这个命令把箭头指向上（因为它原来指向右边），如图 4-7 所示。

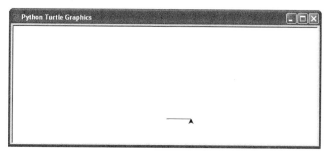

图 4-7 箭头指向上方

NOTE 当你调用 t.left(90)时，这和调用 t.right(270)是一样的。调用 t.rigtht(90)和 t.left(270)也是一样的。只要想象出那个圆圈，沿方向找到那个角度就好了。

现在我们要画一个方块。在你已经输入的代码后再输入如下代码行：

```
>>> t.forward(50)
>>> t.left(90)
>>> t.forward(50)
>>> t.left(90)
>>> t.forward(50)
>>> t.left(90)
```

海龟这时就应该画出了一个方块并且面向开始的那个方向，如图 4-8 所示。

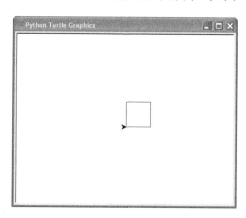

图 4-8 画出了一个方块

要擦除画布，输入重置命令（reset）。这会清除画布并把海龟放回开始的位置。

```
>>> t.reset()
```

你也可以使用清除命令（clear），它只清除屏幕，海龟仍留在原位。

```
>>> t.clear()
```

我们还可以让海龟向右（right）转，或者让它后退（backward）。我们可以用向上（up）来把笔从纸上抬起来（换句话说就是让海龟停止作画），用向下（down）来开始作画。这些函数的用法和我们之前用过的那些一样。

让我们用这些命令再来画另一张画。这次，我们要让海龟画两条线。输入下面的代码：

```
>>> t.reset()
>>> t.backward(100)
>>> t.up()
>>> t.right(90)
>>> t.forward(20)
>>> t.left(90)
>>> t.down()
>>> t.forward(100)
```

首先，我们用 t.reset()重置画布并把海龟移回到开始位置。接下来，我们用 t.backward(100)把海龟向后移动 100 个像素，然后用 t.up()来把笔抬起来不再作画。

然后，用命令 t.right(90)把海龟向右转 90 度来指向屏幕下方的底部，然后用 t.foraward(20)来向前移动 20 个像素。这样不会画出东西来，因为我们在第三行用了 up 命令。我们用 t.left(90)把海龟向左转 90 度来指向右方，然后用 down 命令来让海龟把笔再放下重新开始作画。最后，我们用 t.forward(100)来向前画出一条与第一条线平行的线来。我们画的这两条平行线最后看起来如图 4-9 所示。

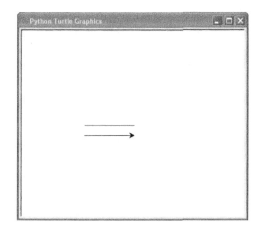

图 4-9 画出两条平行线

4.2 你学到了什么

在这一章里，你学会了如何使用 Python 的 turtle 模块。我们用向左（left）、向右（right）、向前（forward）和向后（backward）命令画了一些简单的线。用向上（up）命令来让海龟停止作画，用向下（down）命令来重新开始作画。你还学会了海龟是按角度转身的。

4.3 编程小测验

尝试用海龟画出下面的图形。答案可以在网站 http://python-for-kids.com/上找到。

#1：长方形

用 turtle 模块的 Pen 函数来创建一个新画布，然后画一个长方形。

#2：三角形

创建另一个画布，这次画一个三角形。参考圆圈上的角度那张图（图 4-6）来回忆要让海龟转动多少角度来指向哪个方向。

#3：没有角的方格

写个程序来画出如图 4-10 所示的四条线（大小不重要，只要形状一样就可以）。

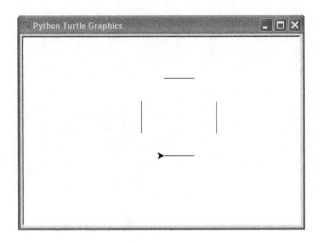

图 4-10　画出四条线

第 5 章　用 if 和 else 来提问

在编写程序时，我们经常要问是与否的问题，然后根据答案决定做什么事情。例如，我们可能会问："你的年纪大于 20 岁吗？"然后，如果答案是"是"则回应："你太老了！"

这类问题叫做"条件"问题，我们会把这些条件和回应结合到 if（如果）语句中。条件语句可以比单个问题更复杂，if 语句也可以合并多个问题以及依据每个问题的答案不同来做出不同的回应。

在这一章里，你会学习到如何用 if 语句来写程序。

5.1　if 语句

在 Python 中 if 语句可以这样写：

```
>>> age = 13
>>> if age > 20:
        print('You are too old!')
```

if 语句是由 if 关键字构成的，后面跟着一个条件和一个冒号（:），例如 if age > 20:。冒号之后的代码行必须放到一个语句块中，如果问题的答案是"是"的话（用 Python 编程的术语来讲就是 True，也就是"真"），就会运行语句块中的命令。现在，让我们来看看如何写语句块和条件。

5.2　语句块就是一组程序语句

代码中的语句块就是组合在一起的一组程序语句。例如，当 if age > 20 为真时，你可能不只

是想打印出"你太老了!",也许你还想打印出一些别的句子,比如:

```
>>> age = 25
>>> if age > 20:
        print('You are too old!')
        print('Why are you here?')
        print('Why aren\'t you mowing a lawn or sorting papers?')
```

这个代码块由三个 print 语句组成,只有当条件 age > 20 为真时才会运行。和前面的 if 语句相比,这个代码块中的每一行前面都有四个空格。让我们把空格变得可见,再来看看这段代码:

```
>>> age = 25
>>> if age > 20:
    □□□□print('You are too old!')
    □□□□print('Why are you here?')
    □□□□print('Why aren\'t you mowing a lawn or sorting papers?')
```

在 Python 中,空白是有意义的,比如制表符(tab,当你按 tab 键插入就输入了一个制表符)或者空格(按空格键插入)。处于同一位置的代码(相对左边缩进了同样数量的空格)组成一个代码块。只要你新起一行并用了比前一行多的空格,那么你就开始了一个新的代码块,这个代码块是前一个代码块的一部分,如图 5-1 所示。

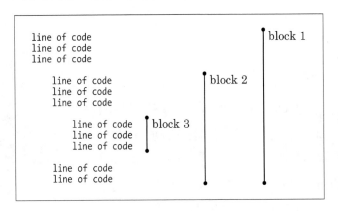

图 5-1　程序中的代码块

我们把这些语句组合在一起因为它们是相关的。这些语句要一起运行。

当你改变缩进时,你其实就是在建立新的代码块。图 5-2 的例子仅通过改变缩进就建立了三个不同的代码块。

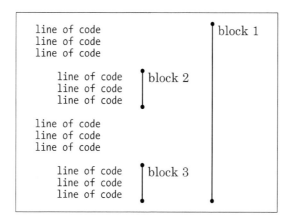

图 5-2　通过缩进改变代码块

这里，虽然代码块 2 和 3 有相同的缩进，但它们是不同的代码块，因为中间隔着一段缩进较少（更少的空格）的代码块。

还有一点要注意，在一个代码块中如果一行有四个空格而下一行有六个，这在运行时会产生一个缩进错误。因为 Python 期望你在一个代码块中对所有行使用相同数量的空格。

```
>>> if age > 20:
    □□□□print('You are too old!')
    □□□□□□print('Why are you here?')
```

我把空格变得可见让你可以看出区别来。请注意第三行有六个空格而不是四个。

如果你要运行这段代码，IDLE 会把它看到错误的那一行用红色块标记起来，并且显示一条 SyntaxError 消息（语法错误）：

```
>>> age = 25
>>> if age > 20:
        print('You are too old!')
    ■print('Why are you here?')
SyntaxError: unexpected indent
```

Python 不希望看到第二个 print 语句行的前面多了两个空格。

NOTE　使用一致的空白（空格）来让你的代码更容易读。如果你开始写一段程序并且在代码块之前使用四个空格，那么你应该在你的程序中对其他代码块也保持使用四个空格。并且，要确保对于同一个代码块中的每一行都用同样数量的空格缩进。

5.3   条件语句帮助我们做比较

条件就是用来做比较的程序语句，它告诉我们比较的结果是真（True，或者说"是"）还是假（False，或者说"否"）。例如，age > 10 是一个条件，它就相当于："变量 age 的值比 10 大吗？"下面也是一个条件：hair_color == '黑色'，就相当于问："变量 hair_color 的值是'黑色'吗？"

在 Python 里我们用符号（叫做"运算符"）来创建条件，比如等于、大于和小于。表 5-1 列出了一些用于条件的符号。

表 5-1   用于条件的符号

符号	定义
==	等于
!=	不等于
>	大于
<	小于
>=	大于等于
<=	小于等于

例如，如果你 10 岁了，那么条件 your_age == 10 就应该返回真，否则就返回假。如果你是 12 岁，那么条件 your_age > 10 就应该返回真。

注意：当定义等于条件时请务必用两个等于号（==）。

让我们再试几个例子。下面，我们把 age 设置为等于 10，然后写一个条件语句让它在 age 大于 10 的时候打印"你年纪太大，看不懂我的笑话！"。

```
>>> age = 10
>>> if age > 10:
        print('You are too old for my jokes!')
```

在我们把这段代码输入到 IDLE 中然后按回车会发生什么？

什么也不会发生。

因为 age 返回的值并不大于 10，Python 不会执行那句带 print 的语句块。然而，如果我们当初把变量 age 设置为 20 的话，信息就应该会被打印出来。

现在让我们把前面的例子改成大于或等于的条件：

```
>>> age = 10
>>> if age >= 10:
        print('You are too old for my jokes!')
```

你应该会看到屏幕上打印出"你年纪太大，看不懂我的笑话！"，因为 age 的值等于 10。

下面，我们尝试用一下等于（==）条件：

```
>>> age = 10
>>> if age == 10:
        print('What\'s brown and sticky? A stick!!')
```

你应该在屏幕上看到"什么盘子是弯的？U 盘！"。

5.4 if-then-else 语句

If 语句除了在条件满足时（为真时）可以用来做些事情，在条件不为真时也可以使用。例如，我们可以在你的年纪是 12 岁时在屏幕上打印一个消息，在不是 12 岁（为假时）时打印另一个消息。

这里的技巧是使用 if-then-else 语句，它相当于说："如果某事为真，那么这样做；否则那样做。"让我们来创建一个 if-then-else 语句。在 Shell 程序中输入如下代码：

```
>>> print("Want to hear a dirty joke?")
Want to hear a dirty joke?
>>> age = 12
>>> if age == 12:
        print("A pig fell in the mud!")
else:
        print("Shh. It's a secret.")

A pig fell in the mud!
```

因为我们把变量 age 设置为 12，然后条件又问 age 是不是等于 12，所以你应该在屏幕上看到第一条消息被打印出来。现在试着把变量 age 的值改成一个不是 12 的值，就像这样：

```
>>> print("Want to hear a dirty joke?")
Want to hear a dirty joke?
>>> age = 8
>>> if age == 12:
        print("A pig fell in the mud!")
else:
        print("Shh. It's a secret.")

Shh. It's a secret.
```

这一回，你应该看到第二条消息。

5.5 if 和 elif 语句

我们还可以用 elif 来进一步扩展 if 语句，elif 是 else-if（否则－如果）的缩写。例如，我们可以确认一个人的年龄是不是 10、11 或 12（等等），然后根据答案不同做不同的事情。这些语句与 if-then-else 语句的不同在于，在同一个语句中可以有多于一个的 elif。

```
   >>> age = 12
❶ >>> if age == 10:
❷        print("What do you call an unhappy cranberry?")
         print("A blueberry!")
❸ elif age == 11:
         print("What did the green grape say to the blue grape?")
         print("Breathe! Breathe!")
❹ elif age == 12:
❺        print("What did 0 say to 8?")
         print("Hi guys!")
   elif age == 13:
         print("Why wasn't 10 afraid of 7?")
         print("Because rather than eating 9, 7 8 pi.")
   else:
```

```
        print("Huh?")
```

```
  What did 0 say to 8? Hi guys!
```

在这个例子里，第二行的①位置上的 if 语句检查变量 age 的值是不是等于 10。在后面②的 print 语句是在 age 等于 10 时运行的。然而，因为我们已经把 age 设置为等于 12，计算机会跳到下一个在③的 if 语句并检查 age 的值是不是等于 11。它不等于，所以计算机就跳到了下一个在④的 if 语句来检查 age 是不是等于 12。是的，所以这次计算机会执行⑤的 print 命令。

当你在 IDLE 程序中输入这些代码时，它会自动地缩进，因此记得在输入每个 print 语句之后按退格键（backspace）或删除（delete）键，这样你的 if、elif 还有 else 语句会靠在最左边。这和 if 语句除去提示符（>>>）后的缩进一样。

5.6 组合条件

你可以用关键字 and 和 or 来把条件组合起来，这样会产生更加简短的代码。下面是一个使用 or 的例子：

```
>>> if age == 10 or age == 11 or age == 12 or age == 13:
        print('What is 13 + 49 + 84 + 155 + 97? A headache!')
else:
        print('Huh?')
```

在这段代码中，如果第一行上的任意一个条件为真的话（也就是 age 是 10、11、12 或 13 时），下一行中以 print 开始的代码块将会运行。

如果第一行的那些条件都不为真，Python 会转到最后那行代码上执行，在屏幕上显示"啥？"。

为了让这个例子更简洁一点，我们可以用关键字 and，同时使用大于等于（>=）和小于等于（<=），如下：

```
>>> if age >= 10 and age <= 13:
        print('What is 13 + 49 + 84 + 155 + 97? A headache!')
else:
        print('Huh?')
```

这里，像第一行代码中 if age >= 10 and age <=13:所表达的，如果 age 大于或等于 10，并且小于或等于 13，那么在下一行以 print 开始的代码块就会运行。例如，如果 age 的值是 12，那么屏幕上就会打印出"13 + 49 + 84 + 155 + 97 等于什么？等于头痛！"来，因为 12 比 10 大并且比 13 小。

5.7 没有值的变量——None

就像我们可以给变量赋值为数字、字符串和列表一样，我们也可以给它赋值为什么也没有，或者说空的值。在 Python 里，我们把空的值叫做 None，它的含意就是没有值。很重要的一点是要注意 None 和 0 这个值是不同的，因为它代表没有值，而不是一个值为 0 的数字。我们如果给一个变量赋空值 None 的话，它的值就是什么也没有。下面是一个例子：

```
>>> myval = None
>>> print(myval)
None
```

把空值 None 赋值给一个变量，相当于把它重置到最原始和空的状态。把一个变量设置为 None 也是一种定义变量却不用给它设置值的方法。如果你知道在后面的程序里将会用到一个变量，但是你希望一开始就定义所有的变量，那么你可能会这么做。程序员经常在程序的开头就定义变量，因为这样就很容易看到一段代码所用到的所有变量的名字。

你也可以在 if 语句中检查 None，就像下面这样：

```
>>> myval = None
>>> if myval == None:
        print("The variable myval doesn't have a value")

The variable myval doesn't have a value
```

如果你只是想在变量还没被计算出来前计算它的值，这种方法还是很有用的。

5.8 字符串与数字之间的不同

"用户输入"就是人在键盘上输入的内容，可能是个字符，按下的方向键或者回车键，或者其他任何东西。用户输入在 Python 里作为一个字符串，这也就是说当你在键盘上敲出数字 10 时，Python 把数字 10 作为一个字符串放到变量中，放在字符串值中，而不是数字中。

数字 10 和字符串 '10'有什么区别呢？对我们来讲看上去都一样，只是其中一个被引号引了起来。但是对于计算机来讲，他们却大相径庭。

例如，假设我们要在一个 if 语句中比较变量 age 的值和一个数字，就像这样：

```
>>> if age == 10:
        print("What's the best way to speak to a monster?")
        print("From as far away as possible!")
```

然后我们把变量 age 设置为数字 10：

```
>>> age = 10
>>> if age == 10:
        print("What's the best way to speak to a monster?")
        print("From as far away as possible!")
What's the best way to speak to a monster?
From as far away as possible!
```

如你所见，print 语句被执行了。

接下来，我们把 age 设置成字符串'10'（带引号），像这样：

```
>>> age = '10'
>>> if age == 10:
        print("What's the best way to speak to a monster?")
        print("From as far away as possible!")
```

在这里，代码中的 print 语句没有运行，因为 Python 没有把引号中的数字（实际上是字符串）当成一个数字。

幸运的是，Python 中有函数可以魔术般地把字符串变成数字，或者把数字变成字符串。例如，你可以用 int 把字符串'10'转换成数字：

```
>>> age = '10'
>>> converted_age = int(age)
```

现在变量 converted_age 中的值就是数字 10 了。

要把数字转换成字符串，用 str：

```
>>> age = 10
>>> converted_age = str(age)
```

在这个例子里，converted_age 就是字符串 10 而不是数字 10 了。

还记得上次当我们把变量设置为字符串（age = '10'）的时候，if age == 10 那段代码什么也没有打印出来吗？如果我们先把变量转换一下，那将会得到完全不同的结果：

```
>>> age = '10'
>>> converted_age = int(age)
>>> if converted_age == 10:
        print("What's the best way to speak to a monster?")
        print("From as far away as possible!")
What's the best way to speak to a monster?
From as far away as possible!
```

但要注意：如果你想要转换带小数点的数字，那么你会得到一条错误信息，因为 int 函数需要的是一个整数。

```
>>> age = '10.5'
>>> converted_age = int(age)
Traceback (most recent call last):
    File "<pyshell#35>", line 1, in <module>
    converted_age = int(age)
ValueError: invalid literal for int() with base 10: '10.5'
```

Python 用 ValueError 来告诉你，你所尝试用的值是不恰当的。改正的方法是用 float 来代替 int。float 函数可以处理不是整数类型的数字。〔译者注：float 意为"浮点数"，是计算机表示小数的一种方式。它不在本书讲述的范围里。〕

```
>>> age = '10.5'
>>> converted_age = float(age)
>>> print(converted_age)
10.5
```

如果你要把没有数字的字符串转成数字的话也会得到 ValueError 错误：

```
>>> age = 'ten'
>>> converted_age = int(age)
Traceback (most recent call last):
    File "<pyshell#1>", line 1, in <module>
    converted_age = int(age)
ValueError: invalid literal for int() with base 10: 'ten'
```

5.9 你学到了什么

在这一章里，你学到了如何用 if 语句来创建只有在某些特定条件为真时才执行的语句块。你还看到了如何用 elif 来扩展 if 语句，让不同的条件可以执行不同的语句段，还有如何用关键字 else 在这些条件都不为真时执行另一段代码。你还学到了如何用关键字 and 和 or 来把条件组合起来，这样就可以判断数字是否在某个范围里。我们还学到了如何用 int、str 和 float 在字符串与数字之间转换。你还发现了什么都没有（None）在 Python 中是有意义的，可以用来把变量重置到它初始为空的状态。

5.10 编程小测验

用 if 语句和条件完成下面的测验。答案可以在网站 http://python-for-kids.com/ 上找到。

#1：你是富翁么？

你认为下面的代码会输出什么？试着先给出答案，不要在 Shell 程序中输入下面的代码。然后再验证一下你的答案对不对。

```
>>> money = 2000
>>> if money > 1000:
        print("I'm rich!!")
else:
        print("I'm not rich!!")
          print("But I might be later...")
```

#2：小蛋糕

创建一个 if 语句来检查小蛋糕的数量（放在变量 twinkies 中）是否少于 100 或者大于 500。如果这个条件为真的话你的程序就会打印出消息"不是太少就是太多。"。

#3：数字刚刚好

创建一个if语句检查在变量money中包含的钱的数量是不是在100和500之间，还是在1 000和5 000之间。

#4：我打得过那些忍者

创建一个 if 语句，在变量 ninjas［ninja，忍者］所包含的数字小于 50 时打印"太多了"，在数字小于 30 时打印"有点难，不过我能应付"，在数字小于 10 时打印"我打得过那些忍者！"。用这个情况来试试你的代码：

```
>>> ninjas = 5
```

第 6 章　循环

没有什么比不停地重复做同一件事情更糟糕的了。这就是为什么人们在失眠的时候会数绵羊，不过这个道理其实并不是因为羊这种动物会让人昏昏欲睡。这是因为不停地重复做一件事很无聊，当你没有关注于某些有趣的事情时，你的大脑更容易入睡。

程序员们同样也不喜欢重复地做事情，除非他们想马上睡着。谢天谢地，大多数编程语言都有一种叫 for 循环的东西，它可以自动地重复其他的程序语句和语句块代码等。

在这一章中，我们会学习 for 循环，以及 Python 所提供的另一种循环：while 循环。

6.1　使用 for 循环

在 Python 里，要打印五次 hello，你可以这样做：

```
>>> print("hello")
hello
>>> print("hello")
hello
>>> print("hello")
hello
>>> print("hello")
hello
>>> print("hello")
hello
```

可是这样太啰嗦。其实你可以用 for 循环来减少需要输入的字数和重复工作。就像这样：

```
❶ >>> for x in range(0, 5):
❷         print('hello')

  hello
  hello
  hello
  hello
  hello
```

在❶处的 range 函数用来创建一个数字的列表，它的范围是从起始数字开始到结束数字之前。这听起来可能有点令人困惑。让我们把 range 函数和 list 函数结合起来看看它到底是怎么工作的。range 函数并不是真的创建了一个数字的列表，它返回的是一个"迭代器"，那是一种 Python 中专门用来与循环一起工作的对象。然而，如果我们把 range 和 list 结合起来，我们会得到一个数字的列表。

```
>>> print(list(range(10, 20)))
[10, 11, 12, 13, 14, 15, 16, 17, 18, 19]
```

在这个 for 循环的例子中❶处实际上是告诉 Python 做下面这些事情。

- 从 0 开始数，在数到 5 之前结束。

- 对于其中每个数都把每个数字的值存放到变量 x 中。

然后 Python 会执行代码块❷。注意在这一行前面和第❶行比起来多了四个空格。IDLE 应该会自动帮你缩进。

当我们在第二行的后面按下回车键时，Python 把"hello"打印了五次。

我们也可以在 print 语句中用 x 来计算 hello 的个数：

```
>>> for x in range(0, 5):
        print('hello %s' % x)
hello 0
hello 1
hello 2
hello 3
hello 4
```

如果我们再把 for 循环拿掉，代码可能看上去就像这样：

```
>>> x = 0
>>> print('hello %s' % x)
hello 0
>>> x = 1
>>> print('hello %s' % x)
hello 1
>>> x = 2
>>> print('hello %s' % x)
hello 2
>>> x = 3
>>> print('hello %s' % x)
hello 3
>>> x = 4
>>> print('hello %s' % x)
hello 4
```

因此使用循环事实上帮我们少写了 8 行额外的代码。好的程序员不愿意重复做同一件事情，因此 for 循环是编程语言中最常用的语句之一。

你不用非得在 for 循环中使用 range 或者 list 函数。你也可以使用一个已经创建好的列表，比如第 3 章中用到的采购清单，如下：

```
>>> wizard_list = ['spider legs', 'toe of frog', 'snail tongue',
              'bat wing', 'slug butter', 'bear burp']
>>> for i in wizard_list:
        print(i)
spider legs
toe of frog
snail tongue
bat wing
slug butter
bear burp
```

这段代码就是说："对于 wizard_list 中的每个元素，把它的值放到变量 i 里，然后打印出这个变量的内容。"同样，如果我们把 for 循环拿掉，我们就不得不这么做：

```
>>> wizard_list = ['spider legs', 'toe of frog', 'snail tongue',
            'bat wing', 'slug butter', 'bear burp']
>>> print(wizard_list[0])
spider legs
>>> print(wizard_list[1])
toe of frog
>>> print(wizard_list[2])
snail tongue
>>> print(wizard_list[3])
bat wing
>>> print(wizard_list[4])
slug butter
>>> print(wizard_list[5])
bear burp
```

所以这次循环又帮我们少打了很多字。

让我们再建立一个循环。把下面的代码输入到 Shell 程序里。它应该会自动帮你缩进代码：

```
❶ >>> hugehairypants = ['huge', 'hairy', 'pants']
❷ >>> for i in hugehairypants:
❸        print(i)
❹        print(i)
❺
❻ huge
  huge
  hairy
  hairy
  pants
  pants
```

在第❶行上，我们建立了一个列表，内容为 '巨大的'，'毛茸茸的'和'裤子'。在下面一行❷中，我们对列表中的元素进行循环，并把每个值都赋给变量 i。在第❸行和第❹行中我们把变量中的内容打印了两次。在后面的空行❺按回车键来告诉 Python 这个语句块结束了，然后代码就会运行并把列表中的每个元素在❻中打印两次。

请记住如果你输入的空格个数不对的话你将会得到一个错误信息。如果你在上面的代码的第❹行多输入一个空格，Python 会显示一个缩进错误给你：

```
>>> hugehairypants = ['huge', 'hairy', 'pants']
>>> for i in hugehairypants:
        print(i)
        ▮print(i)


SyntaxError: unexpected indent
```

正如你在第 5 章中所学到的，Python 期望一个语句块前的空格数是一致的。不论你插入多少个空格，只要对每一行都用同样的数量就行（当然这还会让代码更易读）。

下面是一段更复杂一点的 for 循环的例子，它有两个语句块：

```
>>> hugehairypants = ['huge', 'hairy', 'pants']
>>> for i in hugehairypants:
        print(i)
        for j in hugehairypants:
                print(j)
```

这些语句块在哪里？第一个语句块在第一个 for 循环中：

```
hugehairypants = ['huge', 'hairy', 'pants']
for i in hugehairypants:
    print(i)                    #
    for j in hugehairypants:  # These lines are the FIRST block.
        print(j)                #
```

第二个语句块是在第二个 for 循环中的那一行 print 语句：

```
❶ hugehairypants = ['huge', 'hairy', 'pants']
  for i in hugehairypants:
      print(i)
❷     for j in hugehairypants:
❸         print(j)                 # This line is also the SECOND block.
```

你能搞明白这一小段代码要做什么吗？

在第❶行先创建了一个叫 hugehairypants 的列表，可以看得出在下面的两行里会按这个列表中的元素循环并打印。然而，在第❷行会再次对这个列表进行循环，这次把值赋给变量 j，然后在第❸行再次把每个元素打印出来。代码❷和❸仍是 for 循环的一部分，也就是说 for 循环在遍历列表时每次都会执行它们。

因此，当这段代码运行时，我们会看到“巨大的”后面跟着“巨大的”、“毛茸茸的”、“裤子”，然后是“毛茸茸的”，后面跟着“巨大的”、“毛茸茸的”、“裤子”，等等。

把代码输入到 Python Shell 程序中自己看看结果吧：

```
  >>> hugehairypants = ['huge', 'hairy', 'pants']
  >>> for i in hugehairypants:
❶         print(i)
          for j in hugehairypants:
❷                 print(j)

◈ huge
  huge
  hairy
  pants
◈ hairy
  huge
  hairy
  pants
◈ pants
  huge
  hairy
  pants
```

Python 进入第一个循环并在❶处打印出列表中的一个元素。接下来，它进入第二个循环并在❷处打印出列表中的所有元素。然后它继续执行 print(i)命令，打印列表中的下一个元素，然后再用 print(j)打印整个列表。在输出中，标记了◇的行是由 print(i)语句打印的。没有标记的行是由 print(j)打印的。

与其打印这些胡言乱语，不如做些更有意义的事情。还记得在第 2 章里我们做的那个算式吗？就是如果你用爷爷的疯狂发明复制金币的话，在一年后你将拥有多少金币的那个算式。它看起来是这个样子的：

```
>>> 20 + 10 * 365 - 3 * 52
```

它表示发现的 20 枚金币，再加上 10 个魔法金币，再乘以一年的 365 天，减去每周被乌鸦偷走的 3 枚金币。

说不定你需要看到这堆金币的每周是如何增长的。我们可以使用另一个 for 循环。但首先，我们需要改变变量 magic_coins 变量的值，让它表示每周产生魔法金币的总个数。那就是每天 10 个魔币乘以一周的 7 天，所以 magic_coins 应该是 70：

```
>>> found_coins = 20
>>> magic_coins = 70
>>> stolen_coins = 3
```

我们可以看到，每周的财富增长是通过创建另一个叫作 coins 的变量，并使用一个循环：

```
   >>> found_coins = 20
   >>> magic_coins = 70
   >>> stolen_coins = 3
❶ >>> coins = found_coins
❷ >>> for week in range(1, 53):
❸         coins = coins + magic_coins - stolen_coins
❹         print('Week %s = %s' % (week, coins))
```

在第❶行，变量 coins 先装入变量 found_coins（发现的金币）的值，这是我们起始的数字。在第❷行建立 for 循环，它执行❸和❹组成的语句块。每次循环，变量 week（周）都会装入从 1 至 52 中的一个数字。

第❸行有点复杂。简单地说，每周我们要加上魔法创造的金币个数并减去乌鸦偷走的个数。把变量 coins 想象成是一个装宝贝的箱子。每一周，新的金币都会被装入箱子里。所以这一行实际上的意思是："把变量 coins 的内容替换成当前的金币数加上这周新造出来的数量。"基本上，等于符号（=）相当于是一个发号施令的代码，它命令"先计算出右边的某个结果，然后用左边的名字保存这个结果供以后使用。"

在第❹行的 print 语句使用了占位符，它在屏幕上打印出周数和到目前为止的总金币数。（如果你看不明白，请参见前面的"在字符串里嵌入值"。）所以，如果你运行这个程序，你会看到如图 6-1 所示的结果。

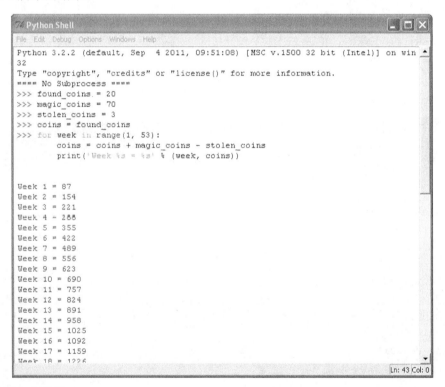

图 6-1　程序运行结果

6.2　还有一种叫 while 的循环

for 循环不是 Python 里唯一的循环方式。还有 while 循环。for 循环是针对指定长度的循环，而 while 循环则用于你事先不知道何时停止循环的情况。

想象一个楼梯有 20 个台阶。楼梯在室内，并且你知道爬 20 个台阶很容易。这就像是一个 for 循环。

```
>>> for step in range(0, 20):
        print(step)
```

接下来想象一个山坡上的楼梯。山非常高，你可能没爬到山顶就没力气了，也可能天气会突然变坏使你必须停下来。这就像是一个 while 循环。

```
step = 0
while step < 10000:
    print(step)
    if tired == True:
        break
    elif badweather == True:
        break
    else:
        step = step + 1
```

如果你输入并运行这段代码，你会看到一个错误信息。为什么？这个错误是因为我们还没有建立变量 tired（累了）和 badweather（坏天气）。尽管这些代码不足以真的运行起来，但它还是能给我们当作一个基本的 while 循环的例子。

我们一开始先创建一个叫 step（步子，台阶）的变量。接下来，我们创建一个 while 循环，检查变量 step 的值是不是小于 10 000（step <10 000），那就是从山脚到山顶的总台阶数。只要台阶数小于 10 000，Python 就会执行其他的代码。

我们通过 print(step)打印变量的内容,然后用 if tired == True: 来检查变量 tired 的值是否为真。（真，或者叫 True，是一个布尔值。我们将在第 8 章中学习）如果是真，我们用关键字 break（打断）来退出循环。关键字 break 用来立刻从循环中跳出来（或者说让循环停下来），它对于 for 循环和 while 循环也同样适用。在这里它的作用是跳出语句块并跳过 step = step + 1 那一行。

语句 elif badweather == True：检查变量 badweather 是否被设为真。如果是的，则用 break 关

键字来退出循环。如果 tired 和 badweather 都不为真，那么我们用 step = step + 1 的方式把变量 step 加 1，然后继续循环。

那么 while 循环有以下几个步骤。

1. 检查条件。

2. 执行语句块中的代码。

3. 重复。

更常见的情况是 while 循环由几个条件组成，而不只是一个，例如：

```
❶ >>> x = 45
❷ >>> y = 80
❸ >>> while x < 50 and y < 100:
        x = x + 1
        y = y + 1
        print(x, y)
```

这里，在第❶行我们创建了变量 x，它的值是 45，在第❷行创建了变量 y，它的值是 80。在第❸行的循环检查两个条件：x 是否小于 50 以及 y 是否小于 100。当两个条件都为真时，接下来的几行就会被执行，把两个变量都加 1 并把它们打印出来。下面是这段代码的输出：

```
46 81
47 82
48 83
49 84
50 85
```

你能弄明白它是如何工作的吗？

对于变量 x 我们从 45 开始计数，对于变量 y 从 80 开始计数，然后它们每次循环的执行时都增加（每个变量加 1）。只要 x 小于 50 并且 y 小于 100 循环就会执行。在循环了五次后（其间每次每个变量都会加 1），x 的值达到了 50。现在，第一个条件（x < 50）不再为真，所以 Python 知道是时候停止循环了。

while 循环的另一个作用是创建"半永久"的循环。这种循环可能会永远执行下去，但实际上它会继续直到代码中有什么事发生，然后从里面跳出来。下面是一个例子：

```
while True:
    lots of code here
    lots of code here
    lots of code here
    if some_value == True:
        break
```

这里对于 while 循环的条件就是 True，它会永远为真，因此语句块中的代码总会被执行（所以这是一个永远的循环）。只有当变量 some_value 为真时 Python 才会从循环中跳出来。在"用 randint 来挑选一个随机数"里你能看到一个更好的例子，但看这个例子之前你需要先看完第 7 章。

6.3 你学到了什么

在这一章里，我们用循环来执行重复的任务，这样就不用做重复的劳动了。我们在循环里面的代码块中告诉 Python 我们希望重复执行什么任务。我们使用了两种循环：for 循环和 while 循环，它们很相似但使用方法不同。我们还使用了关键字 break 来停止循环，或者说跳出循环。

6.4 编程小测验

下面是一些关于循环的例子，你可以自己试一试。答案可以在网站 http://python- for-kids.com/ 上找到。

#1：Hello 循环

你认为下面这段代码会做什么？首先猜猜会发生什么，然后在 Python 里执行一下这段代码来看看你猜的对不对。

```
>>> for x in range(0, 20):
        print('hello %s' % x)
        if x < 9:
            break
```

#2：偶数

创建一个循环来打印偶数，直到你的年龄为止。如果你的年纪是个奇数的话，就打印奇数直
到你的年龄为止。例如，结果可能是这样的：

```
2
4
6
8
10
12
14
```

#3：我最喜爱的五种食材

创建一个列表，它包含五种不同的制作三明治的材料，比如：

```
>>> ingredients = ['snails', 'leeches', 'gorilla belly-button lint',
                   'caterpillar eyebrows', 'centipede toes']
```

现在创建一个循环来打印这个列表（包括数字）：

```
1 snails
2 leeches
3 gorilla belly-button lint
4 caterpillar eyebrows
5 centipede toes
```

#4：你在月球上的体重

如果你现在正站在月球上，你的体重将只相当于在地球上的 16.5%。你可以通过把你在地球
上的体重乘以 0.165 来计算。

如果在接下来的 15 年里，你每年增长一公斤，那么在直到 15 年后的你每年里访问月球时的
体重都是多少？用 for 循环写一个程序，来打印出你每年在月球上的体重。

第 7 章　使用函数和模块来重用你的代码

想一想你每天丢掉多少东西：矿泉水瓶、可乐罐、薯片袋子、包三明治的塑料纸、包胡萝卜条或苹果片的袋子、购物袋、报纸、杂志等等。现在想想如果这些垃圾不分纸啊、塑料啊还是易拉罐什么的，一股脑都地堆在你前进的方向上，那会是什么样的情景。

当然，你可能会尽量回收重用，这很好，因为没人想爬过垃圾山才能去学校。我们并没有坐在超级大的垃圾堆里是因为你回收的那些玻璃瓶被熔化掉并重新做成了罐子和瓶子，纸张被做成了再生纸，塑料会被做成更重些的塑料产品。因此我们要重新利用那些本来要被扔掉的东西。

在编写程序的世界里，重用也同样重要。显然，你的代码不会跑到垃圾堆里去，但如果你不重复利用你现在做的事情，那么最终你会打字打到手指酸痛。重用还会使你的代码变得简短而易读。

你将在这一章里学到，Python 提供的多种重用代码的方式。

7.1　使用函数

你已经见过一种重用 Python 代码的方式。在前一章里，我们用函数 range 和 list 来让 Python 计数：

```
>>> list(range(0, 5))
[0,1,2,3,4]
```

只要你会数数，自己打字来创建一个连续数字的列表并不难。但是这个列表越大，你需要打的字就越多。然而，如果你用函数的话，你可以用同样简单的方式来创建一个有上千个数字的列表。

下面的列表是使用 list 和 range 函数来产生的一个数字列表：

```
>>> list(range(0, 1000))
[0,1,2,3,4,5,6,7,8,9,10,11,12,13,14,15,16...,997,998,999]
```

"函数"是一段代码，它让 Python 做某些事情。他们是重用代码的一种方式——你可以在你的程序里多次使用函数。

当你写一些简单的程序时，用函数很方便。一旦当你开始写长一些的、更复杂的程序时，比方说游戏程序，函数就更加必不可少了（如果你想在本世纪之内完成的话）。

7.1.1   函数的组成部分

一个函数有三个部分组成：名字、参数，还有函数体。下面的例子是一个简单的函数：

```
>>> def testfunc(myname):
        print('hello %s' % myname)
```

这个函数的名字叫 testfunc。它只有一个参数，叫 myname。它的函数体就是紧接着由 def 开始的那一行的代码块。def 是 define（定义）的缩写。参数是一个变量，只有使用函数的时候才存在。

你可以通过调用一个函数的名字来使用它，用括号把它的参数值括起来：

```
>>> testfunc('Mary')
hello Mary
```

函数可以有两个、三个，或者任意个数的参数，而不是只能有一个：

```
>>> def testfunc(fname, lname):
        print('Hello %s %s' % (fname, lname))
```

两个参数的值用逗号分开：

```
>>> testfunc('Mary', 'Smith')
Hello Mary Smith
```

我们也可以先创建一些变量，然后在调用函数时使用它们：

```
>>> firstname = 'Joe'
>>> lastname = 'Robertson'
>>> testfunc(firstname, lastname)
Hello Joe Robertson
```

函数常常需要返回一个值，这就用到了 return（返回）语句。例如，你可以写个函数来计算你存下来多少钱：

```
>>> def savings(pocket_money, paper_route, spending):
        return pocket_money + paper_route - spending
```

这个函数有三个参数。它把前两项相加（pocket_money 和 paper_route）然后减去最后那个参数（spending）。计算的结果被返回，这个结果可以赋给一个变量（和我们给其他变量赋值的方式一样）或者打印出来：

```
>>> print(savings(10, 10, 5))
15
```

7.1.2 变量和作用域

在函数体内的变量在函数执行结束后就不能再用了，因为它只在函数中存在。在编写程序的世界里，这被称为"作用域"。

让我们来看一个简单的函数，它使用了几个变量，但是没有任何参数：

```
❶ >>> def variable_test():
        first_variable = 10
        second_variable = 20
❷       return first_variable * second_variable
```

在这个例子里，我们在第❶行创建了这个叫 variable_test 的函数，这个函数在第❷行把两个变量（first_variable 及 second_variable）相乘并把结果返回。

```
>>> print(variable_test())
200
```

如果我们用 print 来调用这个函数，我们得到的结果是：200。然而，如果我们想要试着打印 first_variable（或者 second_variable）的内容的话，我们会得到一条错误信息：

```
>>> print(first_variable)
Traceback (most recent call last):
  File "<pyshell#50>", line 1, in <module>
    print(first_variable)
NameError: name 'first_variable' is not defined
```

如果一个变量定义在函数之外，那么它的作用域则不一样。例如，让我们在创建立函数之前先定义一个变量，然后尝试在函数中使用它：

```
❶ >>> another_variable = 100
   >>> def variable_test2():
           first_variable = 10
           second_variable = 20
❷          return first_variable * second_variable * another_variable
```

在这段代码中，尽管变量 first_variable 和 second_variable 不可以在函数之外使用，变量 another_variable（在函数之外的第❶行创建）却可以在函数内的第❷行使用。

下面是调用这个函数的结果：

```
>>> print(variable_test2())
20000
```

现在，假设你要用像可乐罐这样的经济材料建造一个太空船。你觉得你每个星期可以压平两个用来做太空船仓壁的罐子，但你要用大约 500 个罐子才能造出船身。我们可以很容易地写出一个函数来帮我们计算，如果每周做两个罐子的话总共需要多少时间来压平 500 个罐子。

让我们创建一个函数来显示在每一周到一年内我们可以压平多少罐了。我们的函数会把罐子的个数当作参数：

```
>>> def spaceship_building(cans):
        total_cans = 0
        for week in range(1, 53):
            total_cans = total_cans + cans
            print('Week %s = %s cans' % (week, total_cans))
```

在函数的第一行，我们创建了一个叫 total_cans（罐子合计）的变量并把它的值设置为 0。然后我们创建一个对于一年中每一周的循环，并把每周压平的罐子数累加起来。这个代码块就构成了我们函数的内容。但这个函数中还有另外一个代码块，它有两行，就是构成了 for 循环的那个代码块。

让我们试着在 Shell 程序中输入这个函数，并通过不同的 cans 的数值来调用它：

```
>>> spaceship_building(2)

Week 1 = 2 cans
```

```
Week 2 = 4 cans
Week 3 = 6 cans
Week 4 = 8 cans
Week 5 = 10 cans
Week 6 = 12 cans
Week 7 = 14 cans
Week 8 = 16 cans
Week 9 = 18 cans
Week 10 = 20 cans
(continues on...)

>>> spaceship_building(13)
Week 1 = 13 cans
Week 2 = 26 cans
Week 3 = 39 cans
Week 4 = 52 cans
Week 5 = 65 cans
(continues on...)
```

这个函数可以用每周不同的罐数来反复重用，比你每次试着用不同的数字来把 for 循环重新输入要高效得多。

函数还可以按模块的方式组织起来，这才使得 Python 能真正大展拳脚，而不只是做些雕虫小技。

7.2　使用模块

模块用来把函数、变量，以及其他东西组织成更大的、更强的程序。有些模块内置在 Python 之中，还有一些可以单独下载。这里有帮助你写游戏软件的模块（如内置的 tkinter，和非内置的 PyGame），用来操纵图像的模块（如 PIL，Python 图像库），还有用来画 3D 立体画的模块（如 Panda3D）。

模块可以用来做各种有用的事情。例如，如果你在设计一个模拟游戏，你想让游戏中的世界有真实感，你可以使用内置的叫 time 的模块来计算当前的日期和时间：

```
>>> import time
```

在这里，import（引入）命令用来告诉 Python 我们想要使用模块 time。

然后我们可以使用点号来调用在这个模块中的函数。（还记得吗？我们在第 4 章就这样使用过 turtle 模块的函数，比如 t.forward(50)。）例如，下面的例子就是如何调用 time 模块中的 asctime 函数：

```
>>> print(time.asctime())
'Mon Nov 5 12:40:27 2012'
```

函数 asctime 是 time 模块的一部分，它作为一个字符串返回当前的日期和时间。

现在假设你要让别人用你的程序来输入一个值，可能是他们的生日或他们的年龄。你可以使用 print 语句来显示一条信息，然后使用 sys 模块（sys 是 system，系统的缩写），其中包含了与 Python 系统自身交互的工具。首先我们引入 sys 模块：

```
>>> import sys
```

在 sys 模块中有一个特别的对象叫 stdin（standard input 的缩写，标准输入），它有一个很有用的函数叫 readline。readline 函数用来读取来自键盘的一行文本输入，直到你按回车键为止。（我们会在第 8 章解释对象是如何工作的。）为了测试 readline，在 Shell 程序中输入以下代码：

```
>>> import sys
>>> print(sys.stdin.readline())
```

然后，如果你输入一些字并按回车键，这些字会在 Shell 程序中打印出来。

回想一下我们在第 5 章写的代码，它用到了一个 if 语句：

```
>>> if age >= 10 and age <= 13:
        print('What is 13 + 49 + 84 + 155 + 97? A headache!')
else:
        print('Huh?')
```

除了创建一个变量 age 并在 if 语句之前给它赋一个特定的值，我们现在还可以让别人输入这个值。但首先让我们把这些代码放到一个函数中：

```
>>> def silly_age_joke(age):
    if age >= 10 and age <= 13:
            print('What is 13 + 49 + 84 + 155 + 97? A headache!')
    else:
            print('Huh?')
```

现在我们可以调用它了，先输入这个函数的名字，然后在括号中输入数字。试试看吧！

```
>>> silly_age_joke(9)
Huh?
>>> silly_age_joke(10)
What is 13 + 49 + 84 + 155 + 97? A headache!
```

真的可以！现在，让我们用这个函数来得到一个人的年龄。（你可以多次的增加或修改 函数。）

```
>>> def silly_age_joke():
        print('How old are you?')
❶      age = int(sys.stdin.readline())
❷      if age >= 10 and age <= 13:
                print('What is 13 + 49 + 84 + 155 + 97? A headache!')
        else:
                print('Huh?')
```

你认出在第❶行的那个 int 函数了吗？它能把字符串转换成数字。我们使用这个函数是因为不论你输入什么，readline()都把它当成字符串返回。但是我们想要的是个数字，这样才能在第❷行和数字 10 还有 13 比较。自己试试这个函数吧，不用任何参数来调用这个函数，当"你几岁了？"出现时输入一个数字：

```
>>> silly_age_joke()
How old are you?
10
What is 13 + 49 + 84 + 155 + 97? A headache!
>>> silly_age_joke()
How old are you?
15
Huh?
```

7.3 你学到了什么

在这一章里，你看到了在 Python 里如何用函数来写出可以重复使用的代码，还有如何使用模块提供的函数。你学会了变量的作用域是如何控制它在函数内外的可见性的，还有如何用

def 关键字来创建函数。你还知道了如何引入模块来使用它的内容。

7.4　编程小测验

自己写一些函数来试试下面这些例子吧。答案可以在网站 http://python-for-kids.com/上找到。

#1：算月球上的体重的基础函数

在第 6 章中，有一个编程测验建立了一个 for 循环来计算 15 年后你在月球上的体重。那个 for 循环可以很容易地变成一个函数。试着创建一个函数，它把起始体重和每年增加的重量当作参数。这个函数用起来是这样的：

```
>>> moon_weight(30, 0.25)
```

#2：月球体重函数外加年数

把你刚刚创建的那个函数改成可以使用不同的年数，比如 5 年或 20 年。记得要把函数改成要三个参数：起始体重、每年增加的体重，还有年数。

```
>>> moon_weight(90, 0.25, 5)
```

#3：月球体重程序

我们不光可以写个简单的需要传入参数的函数，还可以写个小程序用 sys.stdin.readline()来提示输入这些数值。这样的话，调用这个函数就不再需要任何参数了：

```
>>> moon_weight()
```

这个函数会显示一个信息来询问起始体重，然后第二个信息来询问每年将增加的体重，最后的信息询问的是多少年。差不多像这样：

```
Please enter your current Earth weight
45
Please enter the amount your weight might increase each year
0.4
```

```
Please enter the number of years
12
```

别忘了在创建函数之前先引入 sys 模块：

```
>>> import sys
```

第 8 章 如何使用类和对象

长颈鹿和人行道有什么共同点？长颈鹿和人行道都是"东西"，在汉语里被称为"名词"，在 Python 里则被称为"对象"。

在计算机的世界里，"对象"这个概念很重要。对象是程序组织代码的方法，它把复杂的想法拆分开来使其更容易被理解。（我们在第 4 章用海龟作图时曾经用过一个"Pen"对象。）

要真正理解在 Python 里对象是如何工作的，我们先要想想对象的类型。让我们从长颈鹿和人行道开始。

长颈鹿是一种哺乳动物，哺乳动物是一种动物。长颈鹿同时又是一种活动的对象，因为它是活的。

让我们再来看看人行道。不用多说，人行路不是活的东西。就让我们称它为非活动对象吧（换句话说，它不是活的）。哺乳动物、动物、活动、不动，这些都是给事物分类的方法。

8.1 把事物拆分成类

在 Python 里，对象是由"类"定义的，我们可以把"类"当成一种把对象分组归类的方法。图 8-1 是长颈鹿和人行道根据我们前面的定义所归属的类的树状图。

这里的最主要的类是 Things "东西"。在"东西"类的下面，我们有 Inanimate "非活动"和 Animate "活动"。它们再进一步分为非活动下的 Sidewalks "人行道"，以及活动下面的 Animals "动物"、Mammals "哺乳动物"和 Giraffes "长颈鹿"。

我们可以用类把 Python 代码的小片段组织起来。例如，参考一下 turtle 模块。所有 Python 的 turtle 模块能做的事情（如向前移动、向后移动、向左转、向右转）都是 Pen 这个类里的函数。可以把一个对象想象成是一个类家族中的一员，我们可以创建任意数量的这个类的对象。我们马上就会看例子。

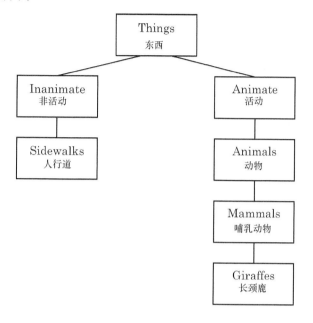

图 8-1 树状图

现在让我们来创建上面树状图中的那些类吧，从顶部开始。我们用 class 关键字来定义类，后面跟着一个名字。因为 Things 是最广泛使用的类，我们要先创建它：

```
>>> class Things:
        pass
```

我们把这个类命名为 Things 并用 pass 语句来告诉 Python 我们不会给出更多的信息了。当我们想提供一个类或者一个函数，却暂时不想填入具体信息的时候就可以使用 pass。

接下来，我们要加入其他的类并在它们之间建立联系。

8.1.1 父母与孩子

如果一个类是另一个类家族的一部分，那么它是另一个类的"孩子"，另一个类是它的"父亲"。一个类可以同时是另外一些类的孩子和父亲。在我们的树状图中，上面的类是父亲，下面的是孩子。例如，Inanimate 和 Anima 都是 Things 类的孩子，Things 是他们的父亲。

要告诉 Python 一个类是另一个类的孩子，就在新类的名字后用括号加上父亲类（以下简称父类）的名字，就像这样：

```
>>> class Inanimate(Things):
        pass

>>> class Animate(Things):
        pass
```

这样，我们就创建了一个叫 Inanimate 的类并通过 class Inanimate(Things)来告诉 Python 它的父类是 Things。然后我们创建了叫 Animate 的类并通过 class Animate(Things)告诉 Python 它的父类也是 Things。

让我们用同样的方法写出 Sidewalks 类。我们利用父类 Inanimate 创建 Sidewalks 类，就像这样：

```
>>> class Sidewalks(Inanimate):
        pass
```

接下来我们也可以同样地用它们的父类来组织 Animals、Mammals，还有 Giraffe 类：

```
>>> class Animals(Animate):
        pass

>>> class Mammals(Animals):
        pass

>>> class Giraffes(Mammals):
        pass
```

8.1.2　增加属于类的对象

现在我们有了好几个类，让我们在这些类里加入些成员怎么样？假设有一个长颈鹿，它的名字叫 Reginald。我们知道它属于 Giraffes 类，但要用什么样的程序术语来描述一只叫 Reginald 的长颈鹿呢？我们称 Reginald 是 Giraffe 类的一个对象（对象，object；还可以称它为"实例"，instance）。我们用下面这段代码把 Reginald "引入" 到 Python 中：

```
>>> reginald = Giraffes()
```

这段代码告诉 Python 创建一个属于 Giraffes 类的对象，并把它赋值给变量 reginald。像用函数一样，类的名字后面要用括号。在这一章的后面部分，我们会学习如何在括号中使用参数。

但是这个 reginald 对象能做什么呢？它到目前为止什么也不会做。要想让对象有用，在创建类的时候我们还要定义函数，这样这个类的对象就可以使用这些函数了。如果不在类的定义之后立刻使用 pass 关键字，我们也可以增加一些函数定义。

8.1.3 定义类中的函数

第 7 章中我们介绍了函数，它是一种重用代码的方法。我们用和定义其他函数同样的方式来定义与某个类相关联的函数，不同的地方只是要在类的定义之下缩进。例如，下面是一个没有与任何类关联的普通函数：

```
>>> def this_is_a_normal_function():
        print('I am a normal function')
```

下面是两个属于类的函数：

```
>>> class ThisIsMySillyClass:
        def this_is_a_class_function():
            print('I am a class function')
        def this_is_also_a_class_function():
            print('I am also a class function. See?')
```

8.1.4 用函数来表示类的特征

再看看我们前面定义的 Animate 类。我们可以给每一个类增加一些"特征"，来描述它是什么和它能做什么。"特征"就是一个类家族中的所有成员（还有它的子类）共同的特点。

例如，所有 animals（动物）有什么共同点？随便说几个：它们都要呼吸，它们都会动和吃东西。那么 mammals（哺乳动物）呢？哺乳动物都给它们的孩子喂奶。而且它们也呼吸、会动和吃东西。我们知道长颈鹿从高高的树顶上吃叶子，然后它们和其他的哺乳动物一样，也给孩子喂奶、呼吸、会动和吃东西。我们把这些特征加到树状图上后，就得到了图 8-2 所示的结果。

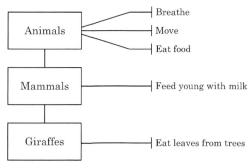

图 8-2 在树状图上添加特征

可以把这些特征想象成是一些动作，或者说函数，也就是那个类的对象能做的事情。

我们用 def 关键字在类中添加函数。所以 Animals 类就是这样的：

```
>>> class Animals(Animate):
        def breathe(self):
            pass
        def move(self):
            pass
        def eat_food(self):
            pass
```

在这一列代码中的第一行，我们像往常一样定义了类，但并没有在接下来的那一行使用 pass 关键字，而是定义了一个叫 breathe（呼吸）的函数，并且给了他一个参数：self。这个 self 参数是用来从类中的一个函数调用类中（还有父类中）的另一个函数的。我们稍后会看到如何使用这个参数。

在下一行，pass 关键字告诉 Python 我们暂时不提供更多的信息，因为暂时我们什么事也不想让它做。然后我们加上了函数 move（移动）和 eat_food（吃食物），它们也是暂时什么都不做。我们很快就会重建这些类并在函数里放进一些合适的代码。这是常见的编写程序的方法。通常，程序员会先创建类，而其中的函数什么也不做。先通过这种方式找出这个类应该做的事情，而不是马上进入到每个函数的细节中去。

我们也可以给其他的两个类加上函数：Mammals 和 Giraffes。每个类都能使用它父类的特征（函数）。这意味着你不需要把一个类写得很复杂。你可以把函数放在这一特征最早出现的父类中。（这是个让你的类保持简单和容易理解的好办法。）

```
>>> class Mammals(Animals):
        def feed_young_with_milk(self):
            pass

>>> class Giraffes(Mammals):
        def eat_leaves_from_trees(self):
            pass
```

8.1.5 为什么使要用类和对象

我们已经给类加上了函数，但是到底为什么要使用类和对象？为什么不是简单地写普通的

breathe、move、eat_food 等这些函数？

要回答这个问题，我们要利用一下那个叫 Reginald 的长颈鹿，就是之前我们创建的 Giraffes 类的那个对象，像这样：

```
>>> reginald = Giraffes()
```

因为 reginald 是一个对象，我们可以调用（或者说运行）它属于的类（Giraffes 类）和它的父类所提供的函数。我们用点运算符 "." 和函数的名字来调用对象的函数。要让长颈鹿 Reginald 移动或者吃东西，我们可以这样调用函数。

```
>>> reginald = Giraffes()
>>> reginald.move()
>>> reginald.eat_leaves_from_trees()
```

我们假设 Reginald 有一个叫 Harold 的长颈鹿朋友。让我们创建另一个叫 harold 的 Giraffes 对象：

```
>>> harold = Giraffes()
```

因为我们使用了对象和类，我们可以通过运行 move 函数来准确地告诉 Python 我们所指的到底是哪一只长颈鹿。例如，如果我们想让 Harold 移动而 Reginald 则留在原地，我们可以用 harold 对象来调用 move 函数，像这样：

```
>>> harold.move()
```

在这个例子中，只有 Harold 会移动。

让我们稍稍改一改这些类，让结果更明显。我们要给每个函数加上 print 语句，而不是只用 pass：

```
>>> class Animals(Animate):
        def breathe(self):
            print('breathing')
        def move(self):
            print('moving')
        def eat_food(self):
            print('eating food')
```

```
>>> class Mammals(Animals):
        def feed_young_with_milk(self):
            print('feeding young')

>>> class Giraffes(Mammals):
        def eat_leaves_from_trees(self):
            print('eating leaves')
```

现在当我们创建了 reginald 和 harold 对象并调用它们的函数时，我们可以看到事情发生的过程：

```
>>> reginald = Giraffes()
>>> harold = Giraffes()
>>> reginald.move()
moving
>>> harold.eat_leaves_from_trees()
eating leaves
```

在前两行中，我们创建了变量 reginald 和 harold，它们是 Giraffes 类的对象。接下来，我们调用了 reginald 的 move 函数，Python 马上在下一行打印出"移动中"。我们用同样的方法调用 harold 的 eat_leaves_from_trees 函数，Python 打印出"在吃树叶"。如果这些是真的长颈鹿而不是计算机中的对象的话，其中一个长颈鹿会在走，另一个在吃东西。

8.1.6 画图中的对象与类

让我们用更图形化一点的手段来讨论对象和类如何？那就让我们回到第 4 章里我们玩过的那个 turtle 模块吧。

当我们使用 turtle.Pen() 时，Python 就创建了一个由 turtle 模块所提供的 Pen 类的对象（类似于前一节里的 reginald 和 harold 对象）。我们可以创建两个海龟对象（分别叫 Avery 和 Kate），就像创建了两个长颈鹿一样：

```
>>> import turtle
>>> avery = turtle.Pen()
>>> kate = turtle.Pen()
```

每个海龟对象（avery 和 kate）都属于 Pen 类。

接下来你就会看到对象强大的地方了。既然创建了这两个海龟对象，我们就可以对其中每一个来调用它的函数，然后它们会分别画图。试试这个：

```
>>> avery.forward(50)
>>> avery.right(90)
>>> avery.forward(20)
```

有了这一系列的指令，我们告诉 Avery 向前移动 50 个像素，向右转 90 度，然后再向前移动 20 个像素，结束时头朝下。记住，海龟一开始总是头朝右的。

现在该移动 Kate 了。

```
>>> kate.left(90)
>>> kate.forward(100)
```

我们让 Kate 向左转 90 度，然后向前移动 100 个像素，因此它结束时头朝上。

画到这里，我们得到了一条线，它两端的箭头指向不同的方向，每个箭头都代表一个不同的海龟对象：Avery 指向下，Kate 指向上。如图 8-3 所示。

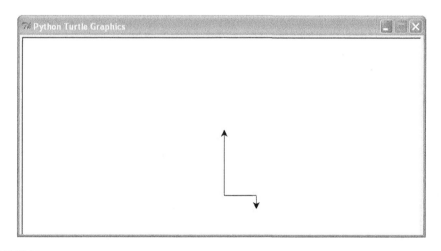

图 8-3 绘图结果

现在，让我们增加一个叫 Jacob 的海龟，然后移动它，不需要打扰到 Kate 或者 Avery。

```
>>> jacob = turtle.Pen()
>>> jacob.left(180)
>>> jacob.forward(80)
```

首先，我们创建一个新的 Pen 对象，叫 jacob，然后我们让它向左转 180 度，然后让它向前移动 80 个像素。我们的画面里现在有三个海龟，结果如图 8-4 所示。

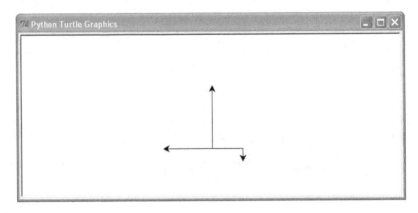

图 8-4　添加新对象后的绘图结果

记住，每次我们调用 turtle.Pen() 来创建一个海龟，它都是一个新的、独立的对象。每个对象仍是 Pen 类的一个实例，每个对象都可以调用同样的函数。但因为我们使用了对象，我们可以分别移动每个海龟。就像独立的长颈鹿对象（Reginald 和 Harold）一样，Avery、Kate，还有 Jacob 是独立的海龟对象。如果我们创建一个和现在对象同名的变量的话，旧的对象不一定消失。自己试试吧：创建另一个 Kate 海龟然后随便移动它一下。

8.2　对象和类的另一些实用功能

类和对象是给函数分组的好办法。他们还帮助我们把程序分成小段来分别思考。

例如，你可以想象一个相当大的软件应用程序，比如文字处理软件或者 3D 计算机游戏。对大多数人来讲几乎不可能整个地来理解这么大的程序，因为代码实在太多了。但是如果把这个庞大的程序分成小的片段，那么每一块理解起来就更容易了。

（当然，你得懂得那种编程语言才行！）

当写大型的程序时，把它拆解开还使得你可以把工作分给多个程序员来共同完成。最复杂的
那些程序（比方说你的浏览器）是由很多人，或者说很多组
人，同时在世界各地分工写出的。

想象一下，现在我们想扩展这一章里我们创建的一些类
（Animals、Mammals，还有 Giraffes），但是工作量太大，我
们想找朋友来帮忙。我们可以这样分工，一个人写 Ainmals
类，另一个写 Mammals 类，还有一个人写 Giraffes 类。

8.2.1 函数继承

有些读者可能已经注意到了，那个写 Giraffes 类的人很幸运，因为任何写 Animals 类和 Mammals
类的人所写的函数都可以被 Giraffes 类使用。Giraffes 类"继承"（inherit）了 Mammals 类，而
Mammals 类又继承于 Animals 类。换句话说，如果我们创建一个长颈鹿对象，我们可以使用
Giraffes 类中定义的函数，也可以使用 Mammals 和 Animals 类中定义的函数。因为同样的机制，
依此类推，如果我们创建一个哺乳动物（mammal）对象，我们可以用 Mammals 类中定义的函
数，也可以使用它的父类 Animals 中的函数。

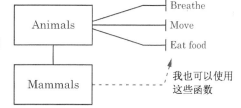

再来看一下 Animals、Mammals，还有 Giraffes 类
之间的关系。Animals 类是 Mammals 类的父类，
而 Mammals 类是 Giraffes 的父类。如图 8-5 所示。

尽管 Reginald 是一个 Giraffes 类的对象，我们仍然
可以调用 Animals 类中定义的 move 函数，因为任何在父类中定义的函数在子类中都可以用：

图 8-5　函数的继承

```
>>> reginald = Giraffes()
>>> reginald.move()
moving
```

实际上，reginald 对象可以使用所有在 Animals 和 Mammals 类中定义的函数，因为这些函数
已经被继承过来了：

```
>>> reginald = Giraffes()
>>> reginald.breathe()
breathing
>>> reginald.eat_food()
eating food
>>> reginald.feed_young_with_milk()
feeding young
```

8.2.2 从函数里调用其他函数

当我们调用一个对象的函数时，我们要使用这个对象的变量名。例如，下面是调用长颈鹿 Reginald 的 move 函数的方法：

```
>>> reginald.move()
```

想要从 Giraffes 类的某个函数中调用 move 函数，我们则要用到 self 参数。self 参数可以用来从类中的一个函数调用另外一个函数。例如，假设我们要给 Giraffes 类增加一个叫 find_food 的函数的话：

```
>>> class Giraffes(Mammals):
        def find_food(self):
            self.move()
            print("I've found food!")
            self.eat_food()
```

现在我们创建了一个由另外两个函数组成的函数，这在编写程序时很常见。通常，你会写个做些有意义的事情函数，然后在另一个函数内使用它。（在第 13 章的游戏程序里我们会用到这一点，来写一个更复杂的函数。）

让我们用 self 来给 Giraffes 类增加一些函数：

```
>>> class Giraffes(Mammals):
        def find_food(self):
            self.move()
            print("I've found food!")
            self.eat_food()
        def eat_leaves_from_trees(self):
            self.eat_food()
        def dance_a_jig(self):
            self.move()
            self.move()
            self.move()
            self.move()
```

我们在 Giraffes 类定义的 eat_leaves_from_trees 和 dance_a_jig 函数中使用父类 Animals 类中的 eat_food 和 move 函数，因为它们都是继承函数。这样我们就增加一些调用其他函数的函数，当我们创建这些类的对象后，我们可以调用一个函数却不止做一件事情。下面你可以看到当我们调用 dance_a_jig 函数时发生了什么（长颈鹿移动了 4 次，也就是说打印了 4 个"移动中"）。

```
>>> reginald = Giraffes()
>>> reginald.dance_a_jig()
moving
moving
moving
moving
```

8.3 初始化对象

当我们创建对象时，有时我们会设置一些值以便将来使用（这些值也叫"属性"，property）。当我们初始化对象时，我们是在为将来使用它做准备。

比方说，假设我们想在创建长颈鹿对象时设置在它身上斑点的数量，这件事要在初始化时做。要做到这一点，我们要创建立一个 __init__ 函数（请注意，两边各有两个下划线字符，一共是四个）。

这是 Python 类里的一种特殊类型的函数，并且只能叫这个名字。这个 __init__ 函数是在对象被创建的同时就设置它的属性的一种方法，Python 会在我们创建新对象时自动调用这个函数。下面是个例子：

```
>>> class Giraffes:
        def __init__(self, spots):
            self.giraffe_spots = spots
```

首先，用 def __init__(self, spots): 我们定义了一个有两个参数的 __init__ 函数，参数分别是 self 和 spots。和其他我们定义在类中的函数一样，init 函数也需要把 self 当成第一个参数。接下来我们把参数 spots 设置给 self 参数的一个叫 giraffe_spots 的对象变量（也就是它的属性），写成的代码是 self.giraffe_spots = spots。你可以把这行代码想象成是："把参数 spots

的值（用对象变量 giraffe_spots）保存下来以后用"。就像一个在类中的函数用 self 参数来调用类中的另一个函数一样，类里的变量也用 self 来关联。（self 是"自己"的意思。）

接下来，如果我们创建两个新的长颈鹿对象（Ozwald 和 Gertrude）并显示它们的斑点数，你就可以看到初始化函数是如何工作的了：

```
>>> ozwald = Giraffes(100)
>>> gertrude = Giraffes(150)
>>> print(ozwald.giraffe_spots)
100
>>> print(gertrude.giraffe_spots)
150
```

首先，我们创建一个 Giraffes 类的实例，使用 100 作为参数。这样做的效果是调用了 __init__ 函数并用 100 作为 spots 参数的值。接下来，我们再创建另一个 Giraffes 类的实例，这次用 150。最后，我们打印出每个长颈鹿对象的对象变量 giraffe_spots，我们将看到结果分别为 100 和 150。果然好用！

切记，当我们创建一个类的对象时，比方说上面的 ozwald，我们可以用点运算符和变量或函数的名字来访问我们想用的变量或函数（例如 ozwald.giraffe_spots）。但是当我们在一个类的内部创建函数时，我们用 self 参数来指向这些变量或函数（如 self.giraffe_spots）。

8.4   你学到了什么

在这一章里，我们创建了一系列事物的类，并用这些类来生成类的对象（也叫实例）。你学会了子类是如何继承父类中的函数的，还有尽管两个对象属于同一个类，他们并不一定是一样的。例如，一个长颈鹿对象身上的斑点数可以与众不同。你学到了如何调用对象中的函数，还有对象变量是一种把值保存到对象中的方法。最后，我们在函数中用 self 参数来指向其他的函数和变量。这些概念是 Python 的基础，在本书其余部分你会经常遇到。

8.5   编程小测验

你越是多用，就越会感觉到这一章中的概念很有意义。尝试一下下面的这些例子吧。答案可以在网站 http://python-for-kids.com/ 上找到。

#1：长颈鹿乱舞

给 Giraffes 类增加函数来让长颈鹿的左（left）、右（right）、前（forward）、后（backward）四只脚移动。左脚向前移动的函数可以是这样的：

```
>>> def left_Foot_Forward(self):
        print('left foot forward')
```

然后写一个叫 dance 的函数来教长颈鹿 Reginald 跳舞（这个函数会调用你写的四脚移动的函数）。调用这个新函数的结果就是简单的舞步：

```
>>> reginald = Giraffes()
>>> reginald.dance()
left foot forward
left foot back
right foot forward
right foot back
left foot back

right foot back
right foot forward
left foot forward
```

#2：海龟叉子

使用四只 Pen 对象的海龟来创建图 8-6 中侧向一边的叉子（每一行的具体长度并不重要），记住要先引入 turtle 模块。

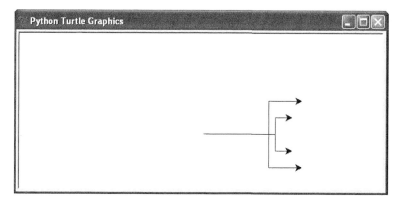

图 8-6 侧向一边的叉子

第 9 章　Python 的内建函数

Python 提供了一大堆编程工具，包括了很多可以直接使用的函数和模块。就像一个可靠的锤子或者修自行车的扳手一样，这些内建的工具（其实是一段段代码）会让你写起程序来轻松很多。

正如你在第 7 章中学到的，模块要先被引用然后才能使用。Python 的内建函数却不需要先引先。只要 Python Shell 程序一启动，它们就可以用了。在这一章里，我们会看到一些更有用的内建函数，然后我们集中看其中一个：open 函数。可以用它来打开文件进行读写。

9.1　使用内建函数

我们会学习 Python 程序员常用的 12 个内建函数。我会描述他们是做什么的以及如何使用它们。然后给出一些例子，介绍它们是如何帮助你写程序的。

9.1.1　abs 函数

abs 函数返回一个数字的"绝对值"，也就是去掉数字的正负号后的值。例如，10 的绝对值是 10，-10 的绝对值也是 10。

abs 函数的用法很简单，把数字或变量当成参数就可以了：

```
>>> print(abs(10))
10
>>> print(abs(-10))
10
```

你可以用 abs 函数来计算一个游戏中的角色移动的绝对距离，不论它向哪个方向移动。例如，这个角色向右移动 3 步（正 3），然后向左移动 10 步（负 10，或者说-10）。如果我们不关心方向（正还是负），这两个数的绝对值就是 3 和 10。你可以在大富翁游戏里使用它，打两个骰子然后让角色向任意方向走骰子打出的那么多步。现在，如果我们把步数放到变量里，我们可以用下面的代码来判断角色是

否移动。当玩家想要移动时我们可以显示一些信息（在这里，我们只是显示"角色在移动"）：

```
>>> steps = -3
>>> if abs(steps) > 0:
        print('Character is moving')
```

如果我们没用 abs 函数，if 语句就不得不写成这样：

```
>>> steps = -3
>>> if steps < 0 or steps > 0:
        print('Character is moving')
```

看到了吧，使用 abs 函数让 if 语句短了一些，并且更容易理解。

9.1.2 bool 函数

bool 是 Boolean（布尔类型）的简写，程序员们用它来表示两种可能的值中的一种，通常是真（true）或者假（false）。

bool 函数只有一个参数，并根据这个参数的值返回真或者假。当对数字使用 bool 函数时，0 返回假（False），任何其他值都返回真（True）。下面是对不同的数字使用 bool 的结果：

```
>>> print(bool(0))
False
>>> print(bool(1))
True
>>> print(bool(1123.23))
True
>>> print(bool(-500))
True
```

当对其他类型的值使用 bool 时，比如字符串，对于没有值的字符串（也就是 None 或者空字符串）返回 False。否则返回 True，如下所示：

```
>>> print(bool(None))
False
>>> print(bool('a'))
True
>>> print(bool(' '))
True
>>> print(bool('What do you call a pig doing karate? Pork Chop!'))
True
```

bool 函数对于空的列表、元组和字典返回 False，否则就则返回 True：

```
>>> my_silly_list = []
>>> print(bool(my_silly_list))
False
>>> my_silly_list = ['s', 'i', 'l', 'l', 'y']
>>> print(bool(my_silly_list))
True
```

你可以用 bool 函数来判断一个值是否已经被设置。例如，如果我们叫人们用我们的程序输入他的出生年份，我们的 if 语句可以用 bool 来验证输入的值：

```
>>> year = input('Year of birth: ')
Year of birth:
>>> if not bool(year.rstrip()):
        print('You need to enter a value for your year of birth')
You need to enter a value for your year of birth
```

这个例子的第一行使用 input 来把别人在键盘上的输入保存到变量 year 中。在下一行中直接按回车键（不要输入任何其他东西），这样会把回车键的值保存到变量中。（在第 7 章我们使用了 sys.stdin.readline()，两种方式的效果一样。）

在接下米的一行，if 语句把 rstrip 函数的返回值当做布尔值检查（rstrip 函数把字符串结尾的空白和回车删除）。因为在例子里用户没有任何输入，所以 bool 函数返回 False。因为 if 语句中使用了 not 关键字，意思就是"如果函数没返回 True 的话才做这件事情"，所以代码会在下一行打印出："你必须输入你的出生年份"。

9.1.3　dir 函数

dir 函数（dir 是 directory，"目录"的简写）可以返回关于任何值的相关信息。基本上，它就是按着字母顺序告诉你那个值上面可以使用的函数都有什么。

例如，要显示对一个列表值可用的函数，可以这样输入：

```
>>> dir(['a', 'short', 'list'])
['__add__', '__class__', '__contains__', '__delattr__',
```

```
'__delitem__', '__doc__', '__eq__', '__format__', '__ge__',
'__getattribute__', '__getitem__', '__gt__', '__hash__', '__iadd__',
'__imul__', '__init__', '__iter__', '__le__', '__len__', '__lt__',
'__mul__', '__ne__', '__new__', '__reduce__', '__reduce_ex__',
'__repr__', '__reversed__', '__rmul__', '__setattr__', '__setitem__',
'__sizeof__', '__str__', '__subclasshook__', 'append', 'count',
'extend', 'index', 'insert', 'pop', 'remove', 'reverse', 'sort']
```

dir 函数基本上可以用于任何东西，包括字符串、数字、函数、模块、对象，还有类。但有时它返回的值可能没什么用处。比方说，如果你对数字 1 调用 dir，它会显示几个 Python 自己使用的特殊函数（前后都有两个下划线的），这并没什么用处（通常你不用关心它们中的绝大多数）。

```
>>> dir(1)
['__abs__', '__add__', '__and__', '__bool__', '__ceil__',
'__class__', '__delattr__', '__divmod__', '__doc__', '__eq__',
'__float__', '__floor__', '__floordiv__', '__format__', '__ge__',
'__getattribute__', '__getnewargs__', '__gt__', '__hash__',
'__index__', '__init__', '__int__', '__invert__', '__le__',
'__lshift__', '__lt__', '__mod__', '__mul__', '__ne__', '__neg__',
'__new__', '__or__', '__pos__', '__pow__', '__radd__', '__rand__',
'__rdivmod__', '__reduce__', '__reduce_ex__', '__repr__',
'__rfloordiv__', '__rlshift__', '__rmod__', '__rmul__', '__ror__',
'__round__', '__rpow__', '__rrshift__', '__rshift__', '__rsub__',
'__rtruediv__', '__rxor__', '__setattr__', '__sizeof__', '__str__',
'__sub__', '__subclasshook__', '__truediv__', '__trunc__',
'__xor__', 'bit_length', 'conjugate', 'denominator', 'imag',
'numerator', 'real']
```

当你想要快速找出在一个变量上可以做些什么的时候，dir 函数很有用。例如，对一个包含字符串值的叫 popcorn 的变量调用 dir，你会得到一系列 string 类所提供的函数（所有的字符串都属于 string 类）[译者注：是 str 类]：

```
>>> popcorn = 'I love popcorn!'
>>> dir(popcorn)
['__add__', '__class__', '__contains__', '__delattr__', '__doc__',
'__eq__', '__format__', '__ge__', '__getattribute__', '__getitem__',
'__getnewargs__', '__gt__', '__hash__', '__init__', '__iter__',
'__le__', '__len__', '__lt__', '__mod__', '__mul__', '__ne__',
'__new__', '__reduce__', '__reduce_ex__', '__repr__', '__rmod__',
'__rmul__', '__setattr__', '__sizeof__', '__str__',
```

```
'__subclasshook__', 'capitalize', 'center', 'count', 'encode',
'endswith', 'expandtabs', 'find', 'format', 'format_map', 'index',
'isalnum', 'isalpha', 'isdecimal', 'isdigit', 'isidentifier',
'islower', 'isnumeric', 'isprintable', 'isspace', 'istitle',
'isupper', 'join', 'ljust', 'lower', 'lstrip', 'maketrans', 'parti-
tion', 'replace', 'rfind', 'rindex', 'rjust', 'rpartition',
'rsplit', 'rstrip', 'split', 'splitlines', 'startswith', 'strip',
'swapcase', 'title', 'translate', 'upper', 'zfill']
```

然后你可以用 help 得到列表中某个函数的简短描述。下面的例子是对 upper 函数调用 help 的结果:

```
>>> help(popcorn.upper)
Help on built-in function upper:

upper(...)
    S.upper() -> str
    Return a copy of S converted to uppercase.
```

返回的信息可能没有那么容易看懂,让我们仔细地来看看。省略号(...)意味着 upper 是一个 string 类内建的函数并且没有参数。下面一行的箭头(->)的意思是这个函数返回一个字符串(str)。最后一行给出了这个函数简要的介绍。

9.1.4 eval 函数

eval 函数(是 evaluate, "估值"的简写)把一个字符串作为参数并返回它作为一个 Python 表达式的结果。例如 eval('print("wow")') 实际上会执行语句 print("wow")。

eval 函数只能用于简单的表达式，比如：

```
>>> eval('10*5')
50
```

拆分成多行的表达式（如 if 语句）一般不能运算，比如：

```
>>> eval('''if True:
        print("this won't work at all")''')
Traceback (most recent call last):
  File "<stdin>", line 1, in <module>
  File "<string>", line 1
    if True: print("this won't work at all')
    ^
SyntaxError: invalid syntax
```

eval 函数常用于把用户输入转换成 Python 表达式。例如，你可以写一个简单的计算器程序，它读取输入到 Python 中的算式，然后计算出答案。

由于用户的输入被当成字符串读进来，Python 如果要进行计算的话需要把它转成数字和运算符。eval 函数使得这种转换很简单：

```
>>> your_calculation = input('Enter a calculation: ')
Enter a calculation: 12*52
>>> eval(your_calculation)
624
```

在这个例子里，我们使用 input 来把用户输入的内容读到变量 your_calculation 里。在下一行中，我们输入表达式 12*52（这可能是你的年纪乘以每年的周数）。我们使用 eval 来运行这个计算，结果打印在了最后一行上。

9.1.5 exec 函数

exec 函数和 eval 差不多，但它可以运行更复杂的程序。两者的不同在于 eval 返回一个值（你可以把它保存在变量中），而 exec 则不会。下面是个例子：

```
>>> my_small_program = '''print('ham')
print('sandwich')'''
>>> exec(my_small_program)
ham
sandwich
```

在前面两行，我们创建了一个有多行字符串的变量，其中有两个 print 语句，然后用 exec 来运行这个字符串。

你可以用 exec 来运行 Python 程序从文件中读入的小程序，也就是程序中又包含了程序！这在写很长、很复杂的程序时可能很有用。例如，你可以写一个机器人对决游戏，其中两个机器人在屏幕上移动并试图向对方进攻。游戏玩家要提供写成 Python 小程序的对机器人的指令。机器人对战游戏会读入这些脚本并用 exec 来运行。

9.1.6 float 函数

float 函数把字符串或者数字转换成"浮点数"，也就是一个带有小数点的数字（也叫"实数"）。例如，数字 10 是一个整数，但是 10.0、10.1，以及 10.253 都是浮点数（英语叫 float）。

你可以用 float 很容易地把一个字符串转换成浮点数，像这样：

```
>>> float('12')
12.0
```

你也可以使用带小数点的字符串：

```
>>> float('123.456789')
123.456789
```

你可以用 float 来把程序中的输入转换成恰当的数字，尤其是在你需要把某人的输入与其他值做比较的时候这很有用：

```
>>> your_age = input('Enter your age: ')
Enter your age: 20
>>> age = float(your_age)
>>> if age > 13:
        print('You are %s years too old' % (age - 13))
You are 7.0 years too old
```

9.1.7 int 函数

int 函数把字符串或者数字转换成整数，这样会把小数点后面的内容丢掉。例如，下面是如何把一个浮点数转换成整数的例子：

```
>>> int(123.456)
123
```

下面的例子把字符串转换成整数：

```
>>> int('123')
123
```

但是如果你要把一个包含有浮点数的字符串转成整数，那你就会得到一个错误信息。例如，下面我们试着用 int 函数把一个包含浮点数的字符串进行转换：

```
>>> int('123.456')
Traceback (most recent call last):
  File "<pyshell>", line 1, in <module>
    int('123.456')
ValueError: invalid literal for int() with base 10: '123.456'
```

你会看到，结果得到了一个"值错误"消息。

9.1.8　len 函数

len 函数返回一个对象的长度，对于字符串则返回字符串中的字符个数。例如，要得到字符串"this is a test string"的长度，你可以这样做：

```
>>> len('this is a test string')
21
```

当用在列表或元组时，len 函数返回列表或元组中的元素的个数：

```
>>> creature_list = ['unicorn', 'cyclops', 'fairy', 'elf', 'dragon',
                'troll']
>>> print(len(creature_list))
6
```

当用在字典时，len 函数返回字典中元素的个数：

```
>>> enemies_map = {'Batman' : 'Joker',
              'Superman' : 'Lex Luthor',
              'Spiderman' : 'Green Goblin'}
```

```
>>> print(len(enemies_map))
3
```

在循环中 len 函数尤其有用，我们可以用下面的代码来显示列表中元素的索引位置：

```
   >>> fruit = ['apple', 'banana', 'clementine', 'dragon fruit']
❶ >>> length = len(fruit)
❷ >>> for x in range(0, length):
❸           print('the fruit at index %s is %s' % (x, fruit[x]))

   the fruit at index 0 is apple
   the fruit at index 1 is banana
   the fruit at index 2 is clementine
   the fruit at index 3 is dragon fruit
```

这里，我们在❶处把列表的长度保存在变量 length 中，然后在❷处把这个变量放到 range 函数中来创建循环。在❸的地方，在循环的过程中把列表中每个元素的索引位置和值打印在消息中。如果你有一个字符串列表，并且想每隔两个或者三个元素打印出一个的话也可以利用 len 函数。

9.1.9　max 和 min 函数

max 函数返回列表、元组或字符串中最大的元素。例如，下面是对数字列表使用 max 函数。

```
>>> numbers = [5, 4, 10, 30, 22]
>>> print(max(numbers))
30
```

由逗号或空格分隔的字符串也有同样的效果：

```
>>> strings = 's,t,r,i,n,g,S,T,R,I,N,G'
>>> print(max(strings))
t
```

这个例子表明，字母是按照字母表顺序排列的，并且小写字母排在大写字母的后面，所以 t 比 T 大。但是你不一定非要用列表、元组或者字符串，你也可以直接调用 max 函数，把你要比较的元素作为参数写在括号中：

```
>>> print(max(10, 300, 450, 50, 90))
450
```

min 函数与 max 一样，只是它返回列表、元组或字符串中的最小元素。下面是对于同样的数字列表执行 min 函数的结果：

```
>>> numbers = [5, 4, 10, 30, 22]
>>> print(min(numbers))
4
```

假设你在与四个玩家一起玩四人猜数字游戏，他们每个人要猜想一个比你的数字小的数字。如果任何一个玩家猜的数字比你的大，那么所有的玩家就都输了，但是如果他们猜的都比你的小，那么他们赢。我们可以用 max 来快速地找出是不是所有的猜想都比你的小：

```
>>> guess_this_number = 61
>>> player_guesses = [12, 15, 70, 45]
>>> if max(player_guesses) > guess_this_number:
        print('Boom! You all lose')
else:
        print('You win')
```

```
Boom! You all lose
```

在这个例子里，我们把要猜的数字放在变量 guess_this_number 里。玩家们的猜想放到列表 player_guesses 中。if 语句把最大的猜想与 guess_this_number 做比较，如果有玩家猜的数字比这个数字大，那么打印"砰! 你输了"。

9.1.10 range 函数

在前面我们已经看到了，range 函数主要应用在 for 循环中，用来让一段代码循环执行指定数字的次数。range 函数的前两个参数分别叫做开始和结束。在前面介绍 len 函数时所用的循环中你已经见到 range 如何使用这两个参数了。

range 所生成的数字从给定的第一个参数开始，到比第二个参数小一的数字结束。例如，下面的例子中打印出 0 和 5 之间的 range：

```
>>> for x in range(0, 5):
        print(x)

0
1
2
3
4
```

range 函数实际上返回了一个叫作“迭代器”的特殊对象，它能重复一个动作很多次。在这个例子中，它每被调用一次就返回下一个数字。

你可以把迭代器转换成列表（使用 list 函数）。然后如果你打印对 range 调用的返回值，你会看到它所包含的数字：

```
>>> print(list(range(0, 5)))
[0, 1, 2, 3, 4]
```

range 函数还可以有第三个参数，叫做“步长”。如果没有步长，那么缺省的步长就是 1。但是当我们传入 2 作为步长时会发生什么呢？下面是它的结果：

```
>>> count_by_twos = list(range(0, 30, 2))
>>> print(count_by_twos)
[0, 2, 4, 6, 8, 10, 12, 14, 16, 18, 20, 22, 24, 26, 28]
```

每个数字都比前一个数字大 2，并且列表结束于数字 28，它比 30 小 2。你还可以使用负的步长：

```
>>> count_down_by_twos = list(range(40, 10, -2))
>>> print(count_down_by_twos)
[40, 38, 36, 34, 32, 30, 28, 26, 24, 22, 20, 18, 16, 14, 12]
```

9.1.11　sum 函数

sum 函数把列表中的元素加在一起并返回这个总和。下面是一个例子：

```
>>> my_list_of_numbers = list(range(0, 500, 50))
>>> print(my_list_of_numbers)
[0, 50, 100, 150, 200, 250, 300, 350, 400, 450]
>>> print(sum(my_list_of_numbers))
2250
```

在第一行上，我们创建了一个由 0 到 500 之间的数字列表，使用 50 作为 range 的步长。接下来，我们把列表打印出来看看结果。最后，把变量 my_list_of_numbers 传给 sum 函数，通过 print(sum(my_list_of_numbers)) 来把列表中所有的元素加在一起，得到的结果是 2 250。

9.2　使用文件

Python 的文件和你计算机上其他的文件一样：文档、图片、音乐、游戏……实际上，你计算机上的所有东西都是以文件的形式保存。

让我们来看看在 Python 里如何用内建函数 open 来打开和操作文件。但首先我们要创建一个新文件以供试验。

9.2.1　创建测试文件

我们会用一个文本文件做试验，我们叫它 test.txt。根据你用的操作系统选择不同的步骤。

在 Windows 中创建新文件

如果你用的是 Windows，按以下步骤创建新文件 test.txt。

1. 选择开始→所有程序→附件→写字板。

2. 在空文件上输入几行文字。

3. 选择文件→保存。

4. 当对话框出现时，双击"我的电脑"，然后双击"本地硬盘(C:)"来选择 C 盘。

5. 在对话框底部的"文件名"文字框中输入 test.txt。

6. 最后，点击"保存"按钮，如图 9-1 所示。

在苹果 OS X 中创建新文件

如果你用苹果电脑，按以下步骤创建新文件 test.txt。

1. 点击屏幕上方菜单条上的 Spotlight 图标。

图 9-1 在 Windows 中创建新文件

2. 在出现的搜索框中输入 TextEdit。

3. TextEdit 应当出现在应用程序部分。点击它来打开编辑器（你也可以用 Finder 在应用程序文件夹中找到 TextEdit）。

4. 在空文件中输入几行文字。

5. 选择格式→制作纯文本。

6. 选择文件→保存

7. 在"另存为"框中输入 test.txt。

8. 在位置列表中点击你的用户名（你登录时用的名字，或者你所用的这台电脑的主人的名字）。

9. 最后，点击"保存"按钮，如图 9-2 所示。

在 Ubuntu 中创建新文件

如果你使用 Ubuntu 系统，按照以下步骤创建新文件 test.txt。

1. 打开你的编辑器，一般叫做"文本编辑器"。如果你之前没用过，那么在应用程序菜单中可以找到它。

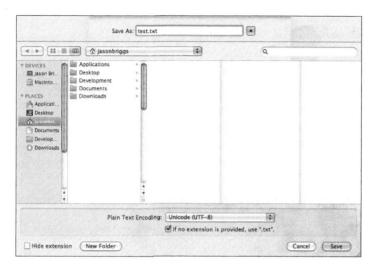

图 9-2　在苹果 OS X 中创建新文件

2. 在编辑器中输入几行文本。

3. 选择文件→保存。

4. 在名字框中，输入 test.txt 作为文件名。在标有"保存到文件夹"的框中可能已经选中你的 home 目录（你的 home 目录的名字就是你登录时用的用户名）。如果没有，在位置列表中点击它。

5. 点击"保存"接钮。如图 9-3 所示。

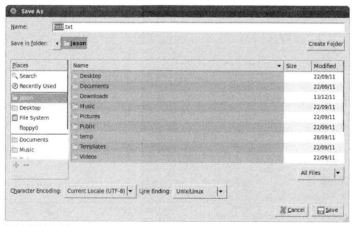

图 9-3　在 Ubuntu 中创建新文件

9.2.2   在 Python 中打开文件

Python 的内建函数 open 可以用来在 Shell 程序中打开文件，并显示它的内容。并且可以在 Shell 程序中显示它的内容。如何告诉这个函数你要打开哪个文件要看你用的是什么操作系统。如果你用 Windows、苹果或 Ubuntu 系统的话，可以分别参考一下下面读取文件的例子。

在 Windows 中打开文件

如果你用 Windows，用下面的代码打开 test.txt：

```
>>> test_file = open('c:\\test.txt')
>>> text = test_file.read()
>>> print(text)
There once was a boy named Marcelo
Who dreamed he ate a marshmallow
He awoke with a start
As his bed fell apart
And he found he was a much rounder fellow
```

在第一行上，我们使用了 open，它会返回一个文件对象，这个对象带有操作文件的函数。这里 open 函数的参数是一个字符串，告诉 Python 到哪里找到这个文件。如果你用 Windows，并且把 test.txt 保存在本地硬盘 C 盘中，那么文件的位置就是 c:\\test.txt。

这里的两个 Windows 文件名中的反斜杠告诉 Python 这就是一个反斜杠，而不是某种命令。（在第 3 章已经学过，反斜杠自身在 Python 中是有特殊作用的，尤其是在字符串中。）我们把文件对象保存到变量 test_file 中。

在第二行上，我们使用文件对象提供的 read 函数来读取文件的内容，并把它保存到变量 text 中。在最后一行，我们把变量的内容打印出来以显示文件的内容。

在苹果 OS X 中打开文件

如果你用的是苹果 OS X，相对于 Windows 打开 test.txt 的例子，在第一行你需要输入一个不同的位置。这要用到你保存这个文本文件时所用的用户名。例如，如果用户名是 sarahwinters，那么 open 的参数可能是：

```
>>> test_file = open('/Users/sarahwinters/test.txt')
```

在 Ubuntu 中打开文件

如果你使用的是 Ubuntu，相对于 Windows 打开 test.txt 的例子，在第一行你需要输入一个不同的位置。这要用到你保存这个文本文件时所用的用户名。例如，如果用户名是 jacob，那么 open 的参数可能是：

```
>>> test_file = open('/home/jacob/test.txt')
```

9.2.3 写入到文件

open 所返回的文件对象不只有 read 这一个函数，我们可以用它来创建一个新的空文件，在调用函数时要用到第二个参数，一个字符串'w'：

```
>>> test_file = open('c:\\myfile.txt', 'w')
```

'w'这个参数告诉 Python 我们想要向文件中写入，而不是从文件中读取。

现在我们可以用 write 函数向新文件增加信息了：

```
>>> test_file = open('c:\\myfile.txt', 'w')
>>> test_file.write('this is my test file')
```

最后，我们需要用 close 函数告诉 Python，我们对这个文件写入完成了：

```
>>> test_file = open('c:\\myfile.txt', 'w')
>>> test_file.write('What is green and loud? A froghorn!')
>>> test_file.close()
```

现在，如果你用文本编辑器打开文件，你应该看到它的内容是："What is green and loud? A froghorn!"，或者你可以用 Python 再把它读进来：

```
>>> test_file = open('myfile.txt')
>>> print(test_file.read())
What is green and loud? A froghorn!
```

9.3 你学到了什么

在这一章中，你学到了一些 Python 的内建函数，如 float 和 int，它们可以在小数和整数间做转换。你还看到了 len 函数如何让循环变简单，还有如何用 Python 来打开文件进行读写。

9.4 编程小测验

用下面的例子做 Python 内建函数的试验吧。答案可以在网站 http://python-for-kids.com/ 上找到。

#1：神秘的代码

下面的代码运行的结果会是什么呢？猜一猜，然后运行一下它，看看你猜得对不对。

```
>>> a = abs(10) + abs(-10)
>>> print(a)
>>> b = abs(-10) + -10
>>> print(b)
```

#2：隐藏的消息

尝试用 dir 和 help 来找出如何把字符串拆成单词，然后写个小程序从第一个单词（this）开始分别打印出下面字符串中的每个单词：

```
"this if is you not are a reading very this good then way you to have
hide done a it message wrong"
```

#3：拷贝文件

写一个 Python 程序来拷贝文件。（提示：你需要打开要拷贝的文件，把它读进来，然后新建一个文件的拷贝。）在屏幕上打印出新文件的内容，检查一下对不对吧。

第 10 章　常用的 Python 模块

你在第 7 章中已经学习到，Python 的模块就是一些函数、类和变量的组合。Python 用模块来把函数和类分组，使它们更方便使用。例如 turtle 模块，在前面几章我们用过它，把函数和类分组，用来创建画布让海龟在屏幕上作图。

当你把一个模块引入到程序中，你可以使用它的所有内容。例如，在第 4 章我们引入了 turtle 模块，我们就可以访问 Pen 类，我们用它来创建一个代表海龟画布的对象：

```
>>> import turtle
>>> t = turtle.Pen()
```

Python 有很多模块，能做各种不同的事情。在这一章里，我们会看看其中最有用的部分，还会尝试一些其中的函数。

10.1　使用 copy 模块来复制

copy 模块中包含了制做对象的拷贝的函数。通常，在写程序时，你会创建新对象，但有时你会想要创建一个新对象，它是另一个对象的复制品，尤其是当创建一个对象需要很多步骤的时候。

例如，假设我们有一个 Animal 类，它有一个 __init__ 函数，参数为 name（名字）、sepcies（物种）、number_of_legs，还有 color。

```
>>> class Animal:
        def __init__(self, species, number_of_legs, color):
            self.species = species
            self.number_of_legs = number_of_legs
            self.color = color
```
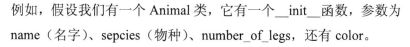

我们可以用下面的代码创建一个 Animal 类的新对象。让我们来创建一只粉色，有六条腿的
鹰马，我们叫它 harry。

```
>>> harry = Animal('hippogriff', 6, 'pink')
```

假如我们要一群粉色有六条腿的鹰马呢？我们可以一遍遍重复上面的代码，也可以使用 copy
模块中的 copy 函数：

```
>>> import copy
>>> harry = Animal('hippogriff', 6, 'pink')
>>> harriet = copy.copy(harry)
>>> print(harry.species)
hippogriff
>>> print(harriet.species)
hippogriff
```

在这个例子里，我们创建了一个对象并把它标记为变量 harry，然后我们创建了这个对象的
一个拷贝，并把它标记为 harriet。尽管它们属于同一物种，但它们是两个完全不同的对象。
在这里它的作用只是少写几行代码，但当对象更加复杂时，拷贝就更有用武之地。

我们也可以创建并拷贝 Animal 对象的列表。

```
>>> harry = Animal('hippogriff', 6, 'pink')
>>> carrie = Animal('chimera', 4, 'green polka dots')
>>> billy = Animal('bogill', 0, 'paisley')
>>> my_animals = [harry, carrie, billy]
>>> more_animals = copy.copy(my_animals)
>>> print(more_animals[0].species)
hippogriff
>>> print(more_animals[1].species)
chimera
```

在前面三行，我们创建了三个 Animal 对象并把它们放在 harry、
carrie，还有 billy 三个变量中。在第四行上，我们把这些对象添加
到列表 my_animals 中。接下来，我们用 copy 来创建一个新的列表
more_animals。最后，我们打印出 more_animals 列表中的前两个对
象（[0]和[1]）的物种，看看是不是和原来的列表中一样。我们不
用重新创建所有的对象就拷贝出了一个列表。

让我们来看一下，如果我们改变了原始 my_animals 列表中 Animal 对象的某一个物种，将会发生什么。原来 Python 也改变了 more_animals 列表中的物种。

```
>>> my_animals[0].species = 'ghoul'
>>> print(my_animals[0].species)
ghoul
>>> print(more_animals[0].species)
ghoul
```

太奇怪了。我们改的不是 my_animals 中的物种吗？为什么两个列表中的物种都变了？

物种都变了是因为 copy 实际上只做了"浅拷贝"，也就是说它不会拷贝我们要拷贝的对象中的对象。在这里，它拷贝了主对象 list 对象，但是并没有拷贝其中的每个对象。因此我们得到的是一个新列表，但其中的对象并不是新的，列表 more_animals 中还是那三个同样的对象。

同样用这些变量，如果我们给第一个列表（my_animals）添加一个新的 Animal 的话，它不会出现在拷贝（more_animals）中。要验证这一点，可以在增加一个 Animal 后把每个列表的长度打印出来，像这样：

```
>>> sally = Animal('sphinx', 4, 'sand')
>>> my_animals.append(sally)
>>> print(len(my_animals))
4
>>> print(len(more_animals))
3
```

如你所见，当我们给第一个列表 my_animals 增加一个新的 Animal 时，它不会增加到这个列表的拷贝 more_animals 中。当我们打印出 len 的结果时，第一个列表有 4 个元素，第二个列表有 3 个元素。

在 copy 模块中的另一个函数 deepcopy，则会创建被拷贝对象中的所有对象的拷贝。当我们用 deepcopy 来复制 my_animals 时，我们会得到一个新列表，它的内容是所有对象的拷贝。这样做的结果是，对于原来列表中 Animal 对象的改动不会影响到新列表。下面是一个例子：

```
>>> more_animals = copy.deepcopy(my_animals)
>>> my_animals[0].species = 'wyrm'
>>> print(my_animals[0].species)
wyrm
```

```
>>> print(more_animals[0].species)
ghoul
```

从打印出来的每个列表中的第一个对象的物种中可以看到，当我们改变原来列表中第一个对象的物种时，拷贝的列表没有发生变化。

10.2　keyword 模块记录了所有的关键字

Python 自身所用到的那些单词被称为"关键字"（keyword），比如 if、else 还有 for。keyword 模块中包含了一个叫做 iskeyword 的函数，还有一个叫 kwlist 的变量。函数 iskeyword 返回一个字符串是否为 Python 关键字。变量 kwlist 包含所有 Python 关键字的列表。

请注意在下面的代码中，对于字符串 if 来讲，函数 iskeyword 返回 True，对于字符串 ozwald，则返回 False。打印 kwlist 变量时你会看到所有关键字的列表。新版（或旧版）的 Python 关键字可能会有所不同。

```
>>> import keyword
>>> print(keyword.iskeyword('if'))
True
>>> print(keyword.iskeyword('ozwald'))
False
>>> print(keyword.kwlist)
['False', 'None', 'True', 'and', 'as', 'assert', 'break', 'class',
'continue', 'def', 'del', 'elif', 'else', 'except', 'finally',
'for', 'from', 'global', 'if', 'import', 'in', 'is', 'lambda',
'nonlocal', 'not', 'or', 'pass', 'raise', 'return', 'try', 'while',
'with', 'yield']
```

你可以在附录中找到每个关键字的简介。

10.3　用 random 模块获得随机数

random 模块中有几个用来生成随机数的函数，它们的作用有点像让计算机"随便挑个数字"。random 模块中最有用的几个函数是 randint、choice，还有 shuffle。

10.3.1　用 randint 来随机挑选一个数字

randint 函数在一个数字范围内随机挑选一个数字，比如在 1 到 100 之间，100 到 1 000 之间，或者 1000 到 5000 之间。下面是一个例子：

```
>>> import random
>>> print(random.randint(1, 100))
58
>>> print(random.randint(100, 1000))
861
>>> print(random.randint(1000, 5000))
3795
```

你可以用 randint 来写一个简单（但很无聊）的猜数字游戏，要用到 while 循环，如下：

```
    >>> import random
    >>> num = random.randint(1, 100)
❶   >>> while True:
❷           print('Guess a number between 1 and 100')
❸           guess = input()
❹           i = int(guess)
❺           if i == num:
❻               print('You guessed right')
                break
❼           elif i < num:
                print('Try higher')
❽           elif i > num:
                print('Try lower')
```

首先，我们引入 random 模块，然后我们用 randint 得到一个范围在 1 到 100 之间的随机数并将其赋值给变量 num。然后我们在行❶创建一个永远执行的 while 循环（除非玩家猜对了数字）。

接下来，我们在行❷打印一条信息，然后在行❸用 input 从使用者那里得到输入并放到变量 guess 中。在行❹我们用 int 把输入转换成整数并把它赋值到变量 i 中。然后在行❺我们让它与那个随机选择的数字做比较。如果输入与随机生成的数字相等，在行❻我们打印"你猜对了"并跳出循环。如果两个数字不相等，我们会在行❼检查玩家猜的数字是否小了，在行❽检查玩家猜的是否大了，然后打印出相应的提示信息。

这段代码有点长，所以你可能会想把它输入到一个新的命令行窗口中或者创建一个文本文件，保存起来，然后在 IDLE 中运行它。下面是如何打开和运行保存起来的程序。

1. 打开 IDLE，选择"文件→打开"。

2. 浏览你保存文件的路径，点击文件名来选中它。

3. 点击打开。

4. 在新窗口打开后，选择"运行→运行模块"。

图 10-1 是我们运行程序的结果。

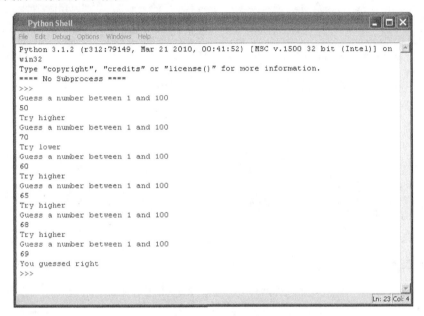

图 10-1 运行结果

10.3.2 用 choice 从列表中随机选取一个元素

如果你想从一个列表中随机选取一个元素，而不是从一个给定的范围里，那么你可以使用 choice。例如，如果你想让 Python 帮你选个甜品的话：

```
>>> import random
>>> desserts = ['ice cream', 'pancakes', 'brownies', 'cookies',
          'candy']
>>> print(random.choice(desserts))
brownies
```

看来你要吃核仁巧克力饼了，明智的选择。

10.3.3　用 shuffle 来给列表洗牌

shuffle 函数用来给列表洗牌，把元素打乱。如果你已经在 IDLE 中引入了 random，并且创建了前面例子中的甜品列表，那么在下面的代码中你可以对它使用 random.shuffle 命令：

```
>>> import random
>>> desserts = ['ice cream', 'pancakes', 'brownies', 'cookies',
            'candy']
>>> random.shuffle(desserts)
>>> print(desserts)
['pancakes', 'ice cream', 'candy', 'brownies', 'cookies']
```

把列表打印出来你就可以看到洗牌的结果，它的顺序完全不同了。如果你写的是一个牌类游戏，可以用这个功能来对一个代表一副牌的列表洗牌。

10.4　用 sys 模块来控制 Shell 程序

在 sys 模块中有一些系统函数，用来控制 Python Shell 程序自身。让我们来看看如何使用 exit 函数、stdin 和 stdout 对象，还有 version 变量。

10.4.1　用 exit 函数来退出 Shell 程序

可以用 exit 函数来停止 Python Shell 程序或者控制台。输入下面的代码，你会看到提示对话框问你是否要退出。选择 Yes，那么 Shell 程序就会关闭。

```
>>> import sys
>>> sys.exit()
```

如果你没有按照第 1 章的说明修改过 IDLE 的话是不行的，你会看到如下的错误信息：

```
>>> import sys
>>> sys.exit()
Traceback (most recent call last):
  File "<pyshell#1>", line 1, in <module>
    sys.exit()
SystemExit
```

10.4.2　从 stdin 对象读取

sys 模块中的 stdin 对象（standard input，"标准输入"的简写）会提示用户输入信息，读取到

Shell 程序中并在程序中使用。正如你在第 7 章中见到的,这个对象有一个 readline 函数,它能读取从键盘输入的一行文本,直到用户按了回车键。它就像是本章前面我们在猜随机数游戏中用到的 input 函数一样。例如,按下面输入:

```
>>> import sys
>>> v = sys.stdin.readline()
He who laughs last thinks slowest
```

Python 会把字符串"谁最后笑谁的反应就最慢"保存到变量 v 中。我们把 v 的内容打印出来验证一下:

```
>>> print(v)
He who laughs last thinks slowest
```

input 和 readline 函数的区别之一是 readline 可以用一个参数来指定读取多少个字符。例如:

```
>>> v = sys.stdin.readline(13)
He who laughs last thinks slowest
>>> print(v)
He who laughs
```

10.4.3   用 stdout 对象来写入

与 stdin 不同,stdout 对象(standard output,"标准输出"的简写)可以用来向 Shell 程序(或控制台)写消息,而不是从中读入。在某些方面,它与 print 相同,但是 stdout 是一个文件对象,因此它也具有我们在第 9 章中用到的那些函数,比如 write。下面是一个例子:

```
>>> import sys
>>> sys.stdout.write("What does a fish say when it swims into a wall?
Dam.")
What does a fish say when it swims into a wall? Dam.52
```

注意看,当 write 结束时,它返回它所写入的字符的个数。你可以看到在 Shell 程序中消息的最后打印出 52。我们可以把这个值保存到变量中作为记录,来看看我们总共在屏幕上打印出多少个字符。

10.4.4   我用的 Python 是什么版本的

变量 version 表示 Python 的版本,可以用来确定你的 Python 是否为最新版本。有些程序员喜欢在程序启动时打印一些信息。例如，你可能想把 Python 的版本信息放到程序的"关于"窗口中，如：

```
>>> import sys
>>> print(sys.version)
3.1.2 (r312:79149, Mar 21 2013, 00:41:52) [MSC v.1500 32 bit (Intel)]
```

10.5　用 time 模块来得到时间

Python 的 time 模块中包含了表示时间的函数，不过可能和你期望的不太一样。试试这个：

```
>>> import time
>>> print(time.time())
1300139149.34
```

对 time()的调用所返回的数字实际上是自 1970 年 1 月 1 日 00:00:00AM 以来的秒数。单独看起来，这种罕见的表现形式没法直接使用，但它有它的目的。例如，想要计算你程序的某一部分要运行多久，你可以在开始和结束时记录时间，然后比较两个值。让我们来尝试算一算打印从 0 到 999 的所有的数字需要多少时间。

首先，写一个这样的函数：

```
>>> def lots_of_numbers(max):
        for x in range(0, max):
                print(x)
```

接下来，将 max 设置为 1 000 来调用这个函数：

```
>>> lots_of_numbers(1000)
```

然后用 time 模块修改我们的程序来计算函数运行用了多少时间。

```
   >>> def lots_of_numbers(max):
❶         t1 = time.time()
❷         for x in range(0, max):
                print(x)
❸         t2 = time.time()
❹         print('it took %s seconds' % (t2-t1))
```

再次调用这个程序，我们得到下面的结果（结果根据系统速度的不同而不同）：

```
>>> lots_of_numbers(1000)
0
1
2
3
.
.
.
997
998
999
it took 50.159196853637695 seconds
```

它是这样工作的：在行❶当我们第一次调用 time()函数时，我们把返回值赋给了变量 t1。然后，从行❷开始我们在第三行和第四行循环并打印所有的数字。循环结束后，在行❸我们再次调用 time()并把返回值赋给变量 t2。因为循环要花数秒才结束，t2 的值会比 t1 大，因为它距离 1970 年 1 月 1 日更久。在行❹从 t2 减掉 t1 后，我们得到打印所有数字所用的秒数。

10.5.1 用 asctime 来转换日期

asctime 函数以日期的元组为参数，并把它转换成更可读的形式。（还记得吗？元组就像 list 一样，只是它的元素不能改变。）就像你在第 7 章里看到的一样，不用任何参数调用，asctime 会以可读的形式返回当前的日期和时间。

```
>>> import time
>>> print(time.asctime())
Mon Mar 11 22:03:41 2013
```

要带参数调用 asctime，我们首先要创建一个包含日期和时间数据的元组。例如，这里我们把元组赋值给变量 t：

```
>>> t = (2007, 5, 27, 10, 30, 48, 6, 0, 0)
```

这一系列数值分别是年、月、日、时、分、秒、星期几（0 代表星期一，1 代表星期二，以此类推）、一年中的第几天（这里用 0 作为一个占位符），还有它是否为夏令时时间（0 代表不是，1 代表是）。用一个类似的元组来调用 asctime，得到的结果是：

```
>>> import time
>>> t = (2020, 2, 23, 10, 30, 48, 6, 0, 0)
>>> print(time.asctime(t))
Sun Feb 23 10:30:48 2020
```

10.5.2　用 localtime 来得到日期和时间

与 asctime 不同，函数 localtime 把当前的日期和时间作为一个对象返回，其中的值大体与 asctime 的参数顺序一样。如果你打印这个对象，就能看到类的名字，还有其中的每个值，这些值被标记为 tm_year（年）、tm_mon（月）、tm_mday（日）、tm_hour（时）等。

```
>>> import time
>>> print(time.localtime())
time.struct_time(tm_year=2020, tm_mon=2, tm_mday=23, tm_hour=22,
tm_min=18, tm_sec=39, tm_wday=0, tm_yday=73, tm_isdst=0)
```

要打印当前的年和月，你可以用它们的索引位置（就像对 asctime 所用的元组一样）。从前面的例子中可以看出来，年在第一个位置（位置 0）而月在第二个位置（1）。因此，我们可以指定 year = t[0]，month = t[1]，像这样：

```
>>> t = time.localtime()
>>> year = t[0]
>>> month = t[1]
>>> print(year)
2020
>>> print(month)
2
```

看到了吧，现在是 2020 年 2 月。

10.5.3　用 sleep 来休息一会儿吧

当你想推迟或者让你的程序慢下来时，可以用 sleep 函数。例如，我们可以尝试用下面的循环来每隔一秒打印出每一个 1 至 60 的数字：

```
>>> for x in range(1, 61):
        print(x)
```

这段代码可以快速地把 1 到 60 所有的数字都打印出来。然而，我们可以在每个 print 语句间都调用 sleep 来停上 1 秒钟，像这样：

```
>>> for x in range(1, 61):
        print(x)
        time.sleep(1)
```

这样在显示每个数字时都有一个延迟。在第 12 章中，我们会用 sleep 函数来让一个动画看上去更真实。

10.6　用 pickle 模块来保存信息

pickle（原意为＂腌菜＂）模块用来把 Python 对象转换成可以方便写入到文件和从文件读取的形式。如果你在写一个游戏并且想保存玩家的进度信息的话，可能就会用得上 pickle。例如，下面是如何给游戏增加一个保存功能：

```
>>> game_data = {
    'player-position' : 'N23 E45',
    'pockets' : ['keys', 'pocket knife', 'polished stone'],
    'backpack' : ['rope', 'hammer', 'apple'],
    'money' : 158.50
}
```

这里，我们创建了一个 Python 字典，包含了在我们想象的游戏中玩家的当前位置、玩家口袋里和背包里物品的列表，还有玩家所带的金钱数量。我们可以把这个字典保存到文件里，只要以写入方式打开文件然后调用 pickle 里的 dump 函数，像这样：

```
❶ >>> import pickle
❷ >>> game_data = {
    'player-position' : 'N23 E45',
    'pockets' : ['keys', 'pocket knife', 'polished stone'],
    'backpack' : ['rope', 'hammer', 'apple'],
    'money' : 158.50
    }
❸ >>> save_file = open('save.dat', 'wb')
❹ >>> pickle.dump(game_data, save_file)
❺ >>> save_file.close()
```

我们在行❶引入 pickle 模块，然后在行❷建立一个游戏数据的字典。在行❸我们用参数 wb 打开文件 save.dat，也就是告诉 Python 以二进制模式写入文件（像在第 9 章里一样，你可能要把它放到如/Users/malcolmozwald、/home/susanb，或者 C:\\User\JimmyIpswich 这样的目录里）。在行❹，我们把字典和文件变量作为两个参数传给 dump。最后，在行❺我们关闭文件，因为我们已经使用完毕。

NOTE 纯文本文件中只可以包含人们可读的字符。图像、音乐文件、电影，还有序列化（被 packle 过）的 Python 对象中的信息并不总是对人可读的，所以它们被称为二进制文件。如果你打开 save.dat 文件，你会看到它看上去不像个文本文件，而是一个乱七八糟的混合体，包含一些普通的文本和特殊的字符。

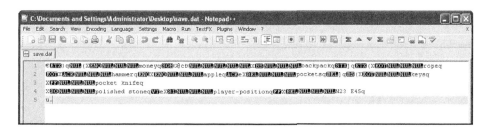

我们可以用 pickle 的 load 函数来把写入的文件反序列化。当我们反序列化时，就是做与序列化相反的操作：把写到文件中的信息还原成我们的程序可以使用的值。这个过程有点类似于使用 dump 函数。

```
>>> load_file = open('save.dat', 'rb')
>>> loaded_game_data = pickle.load(load_file)
>>> load_file.close()
```

首先，用 rb 作参数打开文件，也就是读取二进制模式。然后把文件传给 load 函数并把返回值赋给变量 loaded_game_data。最后，关闭文件。

让我们来验证一下保存的文件是否被正确地取回了，所以要打印变量：

```
>>> print(loaded_game_data)
{'money': 158.5, 'backpack': ['rope', 'hammer', 'apple'],
'player-position': 'N23 E45', 'pockets': ['keys', 'pocket knife',
'polished stone']}
```

10.7 你学到了什么

在这一章里，你学习了 Python 模块是如何组织函数、类和变量的，还有如何引入模块来使用这些函数。你了解到了如何拷贝对象，生成随机数，还有随机为对象列表洗牌，以及如何在 Python 中使用时间。最后，你学会了如何用 pickle 在文件中保存和读取信息。

10.8 编程小测验

用 Python 的模块完成以下练习。答案可以在网站 http://python-for-kids.com/ 上找到。

#1：复制车

下面的代码会打印出什么？

```
>>> import copy
>>> class Car:
        pass

>>> car1 = Car()
>>> car1.wheels = 4
>>> car2 = car1
>>> car2.wheels = 3
>>> print(car1.wheels)                    这里打印什么？

>>> car3 = copy.copy(car1)
```

```
>>> car3.wheels = 6
>>> print(car1.wheels)
```

这里打印什么？

#2：序列化你的最爱

创建一个你最喜爱的东西的列表，然后用 pickle 把它们保存到 favorites.dat 文件中。关闭 Python Shell 程序，再重新打开，通过读取文件来显示你的最爱列表。

第 11 章　高级海龟作图

让我们再来看看第 4 章中用到的海龟模块。你会在这一章中看到，在 Python 里，海龟不仅可以画简单的黑线。你还可以用它来画更复杂的几何图形，用不同的颜色，甚至还可以给形状填色。

11.1　从基本的正方形开始

我们已经学会如何让海龟画简单的图形。在使用海龟之前，我们要引入 turtle 模块并创建 Pen 对象：

```
>>> import turtle
>>> t = turtle.Pen()
```

下面是第 4 章里我们用来创建正方形的代码：

```
>>> t.forward(50)
>>> t.left(90)
>>> t.forward(50)
>>> t.left(90)
>>> t.forward(50)
>>> t.left(90)
>>> t.forward(50)
```

在第 6 章里，你学会了使用 for 循环。用这个新知识，我们可以用 for 循环来让这段有些冗长的代码简单一些：

```
>>> t.reset()
>>> for x in range(1, 5):
        t.forward(50)
        t.left(90)
```

在第一行，我们让 Pen 对象重置。接下来，我们开始一个 for 循环，它用 range(1, 5)来从 1 数到 4。然后，在接下来的几行，每次循环我们都向前 50 个像素然后左转 90 度。因为我们已经用了一个 for 循环，这段代码会比前面的版本短一点。不算 reset 那一行的话，我们从 7 行减少到了 3 行。

11.2　画星星

现在，只要对我们的 for 循环做一些简单的改动，我们就能画出更好玩的东西。输入下面的代码：

```
>>> t.reset()
>>> for x in range(1, 9):
        t.forward(100)
        t.left(225)
```

这段代码会画出一个八角星，如图 11-1 所示。

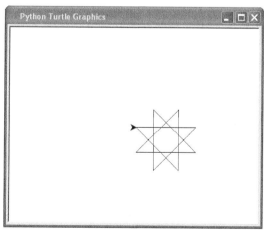

图 11-1　八角星

这段代码和前面画正方形的代码非常像，只是：

1. 不是按 range(1, 5)循环 4 次，而是用 range(1, 9)循环 8 次。

2. 不是向前移动 50 个像素，而是向前 100 个像素。

3. 不是向左转 90 度，而是向左转 225 度。

现在，让我们再进一步改进我们的星星。每次转 175 度，循环 37 次，我们可以画出有更多角的星星，用下面的代码：

```
>>> t.reset()
>>> for x in range(1, 38):
        t.forward(100)
        t.left(175)
```

运行的结果如图 11-2 所示。

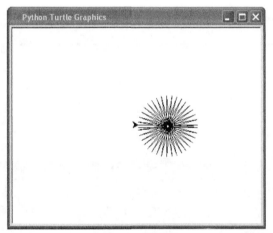

图 11-2　螺旋星

除了普通的星星，我们还可以画螺旋星：

```
>>> t.reset()
>>> for x in range(1, 20):
        t.forward(100)
        t.left(95)
```

把旋转的角度改一下，减少循环的次数，海龟画出风格不同的星星，如图 11-3 所示。

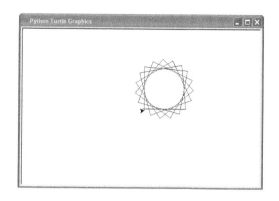

图 11-3

用差不多的代码，我们可以画出很多不同的形状，从基本的方形到螺旋星。如你所见，for 循环使得画这些形状变得非常简单。如果没有 for 循环，我们就得输入冗长的代码。

现在让我们用 if 语句控制海龟的转向来绘制不同的星星。在下面的例子里，我们想让海龟先转一个角度，然后下一次转一个不同的角度。

```
>>> t.reset()
>>> for x in range(1, 19):
        t.forward(100)
        if x % 2 == 0:
            t.left(175)
        else:
            t.left(225)
```

在这里，我们先创建一个运行 18 次的循环（用 range(1, 19)），然后让海龟向前移动 100 个像素（t.forward(100)）。接下来是 if 语句（if x % 2 == 0）。这个语句检查变量 x 是否包含一个偶数，它用到了"取余"运算符，就是表达式 x % 2 = 0 中的%，它的意思是：x 除以 2 的余数是否等于 0。

表达式 x % 2 的本意是：%把变量 x 平均分成两份后还剩下几？例如，如果我们把 5 个球平均分成两份，我们会得到两组两个球（一共是 4 个），那么还剩下一个球，如图 11-4 所示。

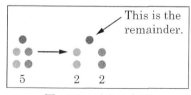

图 11-4　平分 5 个球

如果我们把 13 个球平均分成两份，我们会得到两组 6 个球，还剩 1 个球，如图 11-5 所示。

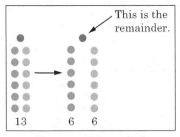

图 11-5 平分 13 个球

如果我们检查除以 2 后余数是否等于 0，实际上是在问它是否可以被平分为两份，并且没有剩余。这是一个检查变量中的数字是否为偶数的好办法，因为偶数总是能被平均分成两份。

在代码的第 5 行，如果 x 中的数字是偶数（if x % 2 == 0）我们让海龟左转 175 度（t.left(175)），否则（else）在最后一行，我们让它左转 225 度（t.left(225)）。

运行代码的结果如图 11-6 所示。

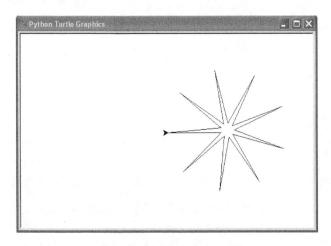

图 11-6 计语句画出的星星

11.3 画汽车

我们的海龟可不只是能画星星和简单的几何形状。在下面的例子里，我们要画一个看上去很原始的小汽车。首先，我们要画车身。在 IDLE 里，选择"文件→新窗口"，然后在窗口里输入如下代码。

```
t.reset()
t.color(1,0,0)
t.begin_fill()
t.forward(100)
t.left(90)
t.forward(20)
t.left(90)
t.forward(20)
t.right(90)
t.forward(20)
t.left(90)
t.forward(60)
t.left(90)
t.forward(20)
t.right(90)
t.forward(20)
t.left(90)
t.forward(20)
t.end_fill()
```

接下来我们画第一个轮子。

```
t.color(0,0,0)
t.up()
t.forward(10)
t.down()
t.begin_fill()
t.circle(10)
t.end_fill()
```

最后，我们画第二个轮子。

```
t.setheading(0)
t.up()
t.forward(90)
t.right(90)
t.forward(10)
t.setheading(0)
t.begin_fill()
t.down()
t.circle(10)
t.end_fill()
```

选择"文件→保存为"。给它起个文件名，比如 car.py。

选择"运行→运行"模块来试试代码吧。画好的车如图 11-7 所示。

图 11-7　画出的小汽车

你大概已经注意到我们代码中的几个新的海龟函数了：

1.　color 是用来改变画笔的颜色的。

2.　begin_fill 和 end_fill 是用来给画布上的一个区域填色的。

3.　circle 会画一个指定大小的圆。

4.　setheading 让海龟面向指定的方向。

让我们看看如何用这些函数来给我们的绘图加上颜色吧。

11.4　填色

color 函数有三个参数。第一个参数指定有多少红色，第二个指定有多少绿色，第三个指定有多少蓝色。举个例子，要得到车子的亮红色，我们用 color(1, 0, 0)，也就是让海龟用百分之百的红色画笔。

这种红色、绿色、蓝色的混搭叫做 RGB（Red、Green、Blue）。颜色在你计算机的显示器上就是这样表示的，把这些主色用不同比例混合就能产生其他的颜色，就像我们混合蓝色和红色的颜料来做出紫色，用黄色和红色来做出橙色一样。红色、绿色和蓝色被称为"主色"是因为你无法组合其他颜色来生成它们。

虽然我们不是在计算机屏幕上混合颜料（我们用的是光），但我们可以把 RGB 方案想象成是三个颜料桶，一个红的，一个绿的和一个蓝的。每个桶里都是满的，我们说满桶的值是 1（或者说 100%）。然后把所有的红颜料和所有的绿颜料混在一起放在一个大缸里，这样就产生了黄色（每个颜色都是 1，或者说 100%）。

现在让我们回到代码的世界。要用海龟画一个黄色的圆，我们要用 100% 的红色和绿色颜料，但是不用蓝色，像这样：

```
>>> t.color(1,1,0)
>>> t.begin_fill()
>>> t.circle(50)
>>> t.end_fill()
```

第一行的 1,1,0 表示 100% 的红色，100% 的绿色，还有 0% 的蓝色。在下面一行，我们告诉海龟用这个 RGB 颜色（t.begin_fill）来给后面的形状填色，然后用（t.circle）来画一个圆。在最后一行，end_file 告诉海龟用 RGB 颜色来给圆填色。

11.4.1　用来画填色圆形的函数

为了更容易地用不同的颜色来试验，我们来把画圆填色的代码写成一个函数。

```
>>> def mycircle(red, green, blue):
        t.color(red, green, blue)
        t.begin_fill()
        t.circle(50)
        t.end_fill()
```

我们可以只用绿色来画一个很亮的绿色的圆，如下：

```
>>> mycircle(0, 1, 0)
```

我们也可以用一半的绿色（0.5）来画一个深绿色的圆：

```
>>> mycircle(0, 0.5, 0)
```

接下来在屏幕上试试其他 RGB 颜色，先画个全红的圆，再画个半红的（1 和 0.5），然后全蓝和半蓝，像这样：

```
>>> mycircle(1, 0, 0)
>>> mycircle(0.5, 0, 0)
>>> mycircle(0, 0, 1)
>>> mycircle(0, 0, 0.5)
```

NOTE 如果你的画布已经变得很零乱了，那么用 t.reset() 来把旧画删掉。同时要记得你还可以用 t.up() 来把画笔抬起，这样海龟移动时就不会画出线来（用 t.down() 来把笔再次放下）。

红绿蓝的各种组合可以产生大量不同的颜色，如金色：

```
>>> mycircle(0.9, 0.75, 0)
```

下面是淡粉色：

```
>>> mycircle(1, 0.7, 0.75)
```

下面是两种不同的橙色：

```
>>> mycircle(1, 0.5, 0)
>>> mycircle(0.9, 0.5, 0.15)
```

试着自己组合一些颜色吧！

11.4.2 使用纯白和纯黑

当你在晚上把灯都关了会怎么样？所有的东西都成了黑色。计算机上的颜色也是如此。没有光意味着没有颜色，所有主色为 0 的圆都是黑色的：

```
>>> mycircle(0, 0, 0)
```

结果如图 11-8 所示。

图 11-8 黑色的图

反过来你把三个颜色都用 100% 也是同样的道理。这时你会得到白色。输入下面的代码可以把黑色的圆擦掉：

```
>>> mycircle(0, 0, 0)
```

11.5　画方形的函数

你已经知道如何用 begin_fill 来让海龟画带颜色的形状，并且用 end_fill 函数来给形状填上颜色。现在我们要做更多关于形状和填色的实验。我们先用本章开头画正方形的函数并把正方形的尺寸作为一个参数传给它。

```
>>> def mysquare(size):
        for x in range(1, 5):
            t.forward(size)
            t.left(90)
```

用尺寸为 50 来调用这个函数，像这样：

```
>>> mysquare(50)
```

这会画出一个小的正方形，如图 11-9 所示。

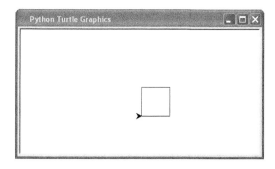

图 11-9　小正方形

现在我们让用不同的尺寸来调用这个函数。用 25、50、75、100 和 125 创建五个套在一起的正方形。

```
>>> t.reset()
>>> mysquare(25)
>>> mysquare(50)
>>> mysquare(75)
>>> mysquare(100)
>>> mysquare(125)
```

结果如图 11-10 所示。

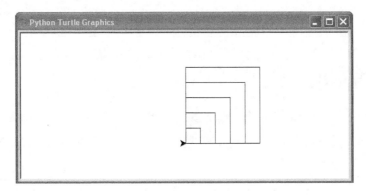

图 11-10 五个套在一起的正方形

11.6 画填色正方形

要画填了色的正方形，我们首先要重置画布，开始填色，然后再调用正方形函数，如下：

```
>>> t.reset()
>>> t.begin_fill()
>>> mysquare(50)
```

你应当看到一个空的正方形，直到你结束填充：

```
>>> t.end_fill()
```

你的正方形如图 11-11 所示。

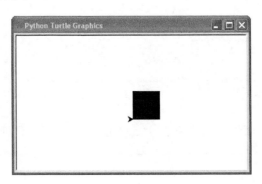

图 11-11 填好色的正方形

我们改变一下这个函数，让它既可以画填好的正方形也可以画不填色的正方形。这样的话我们就会需要另一个参数，并让代码更复杂一点。

```
>>> def mysquare(size, filled):
        if filled == True:
            t.begin_fill()
        for x in range(1, 5):
            t.forward(size)
            t.left(90)
        if filled == True:
            t.end_fill()
```

在第一行，我们改变函数的定义让它接受两个参数：size 和 filled。接下来，我们用 if filled == True 来检查 filled 的值是否为 True。如果是，我们调用 begin_fill 来让海龟给画出的形状填色。然后我们循环 4 次（for x in range(0, 4)）来画出正方形的四边（向前画然后左转）。然后再用 if filled == True 来检查 filled 是否为 True。如果是，我们用 t.end_fill 把填色关闭，这时海龟会把正方形填好颜色。

现在我们可以用下面的代码来画一个填了色的正方形：

```
>>> mysquare(50, True)
```

或者我们可以用下面的代码来画一个没有填色的正方形：

```
>>> mysquare(150, False)
```

在调用了 mysqure 函数两次后，我们得到了如图 11-12 所示的图案，看上去就像个正方形的眼睛。

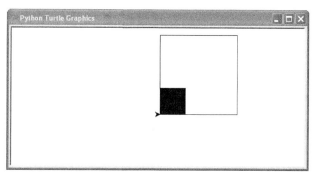

图 11-12　一个填了色的正方形和一个没有填色的正方形

当然这些还远远不够。你可以画各种形状并给它们填色。

11.7　画填好色的星星

作为最后一个例子，让我们给早前画的星星填上颜色。下面是原来的代码：

```
for x in range(1, 19):
    t.forward(100)
    if x % 2 == 0:
        t.left(175)
    else:
        t.left(225)
```

现在我们要写一个 mystar 函数。我们会使用 mysquare 函数中的 if 语句，并且也加上 size 参数。

```
>>> def mystar(size, filled):
        if filled == True:
            t.begin_fill()
        for x in range(1, 19):
            t.forward(size)
            if x % 2 == 0:
                t.left(175)
            else:
                t.left(225)
        if filled == True:
            t.end_fill()
```

在函数的前面两行，我们检查 filled 是否为真，如果是的话开始填充。在最后两行再次检查，如果 filled 是真，我们就停止填充。同时，和 mysquare 函数一样，我们把参数 size 作为星星的大小，在调用 t.forward 时使用这个值。

现在我们把颜色设置为金色（90%红色，75%绿色，0%的蓝色），然后再次调用这个函数。

```
>>> t.color(0.9, 0.75, 0)
>>> mystar(120, True)
```

海龟会画出一个填了色的星星，如图 11-13 所示。

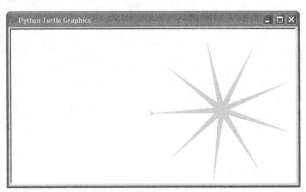

图 11-3　填了色的星星

要给星星画上轮廓，把颜色改成黑色并且不用填色再画一遍星星：

```
>>> t.color(0,0,0)
>>> mystar(120, False)
```

现在，星星成了带黑边的金色，如图 11-14 所示。

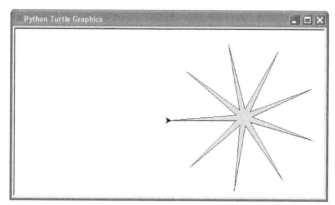

图 11-14　加了黑边的星星

11.8　你学到了什么

经过了这一章，你学会了如何用 turtle 模块画几个基本的几何图形，还有用 for 循环和 if 语句来控制海龟在屏幕上的动作。我们改变了海龟的笔的颜色并给它所画的形状填色。我们还用一些函数来重用绘图的代码，这使得画出不同颜色的形状只要简单地做一次函数调用就够了。

11.9　编程小测验

在下面的练习里，你要自己用海龟画图。和从前一样，答案可以在网站 http:// python-for-kids.com/ 上找到。

#1：画八边形

在这一章里我们画过星星、正方形，还有长方形。那么写个函数来画一个八边形吧！（提示：尝试让海龟每次转 45 度。）如图 11-15 所示。

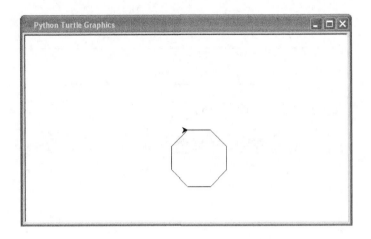

图 11-15 八边形

#2：画填好色的八边形

写好画八边形的函数以后，改一改让它画出填色的八边形。最好画一个带轮廓的八边形，就像我们画的星星一样，如图 11-16 所示。

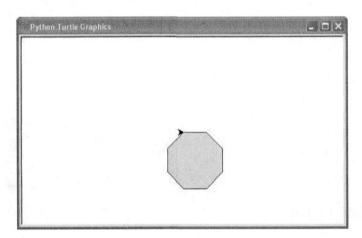

图 11-16 填色的八边形

#3：不同的画星星函数

写一个画星星的函数，它有两个参数：大小（size）和尖角（points）的数量。函数的开始应该是这样的：

```
def draw_star(size, points):
```

第 12 章　用 tkinter 画高级图形

用海龟画图的问题是海龟……太……慢……了。就算海龟以它最快的速度跑也还是太慢。对海龟来讲这不是个问题，但是对于计算机绘图来讲就是个问题了。

计算机绘图，尤其是在游戏里，通常都要求能快速移动。如果你有一个游戏平台，或者你是在电脑上玩游戏，可以想象一下你在屏幕上见到的图形。二维（2D）的图形是平的，游戏中的角色一般只是上下左右移动，就像很多任天堂游戏机，索尼 PSP，还有手机游戏一样。在伪三维（3D）游戏中，图像看上去更加真实，但是角色通常只是在一个平面上移动（这个也叫作等距图形）。最后就是

3D 游戏，它在屏幕上面试图再现真实场景。不论游戏用 2D、伪 3D 还是 3D 图形，它们都有一个共同点：都要在计算机屏幕上快速绘图。

如果你以前从来没有自己做过动画，那么试试下面这个简单的项目。

1. 拿来一叠白纸，在第一张纸的底角画点东西（比方说线条小人儿）。

2. 在第二张纸的底角画上同样的线条小人儿，不过让他的腿移动一点点。

3. 在下一次，再画这个线条小人儿，让它的腿动得更多一点。

4. 逐渐地一张一张在底角画上变化的小人儿。

当你画完以后，快速翻动这些纸，你会看到你的线条小人儿在移动。这是所有动画的基本原理，不论是电视上的卡通还是你游戏机或电脑上的游戏。先画一张图，再画一个稍稍有点变化的图，这就让人感觉它在移动。要让图像看起来是在移动，你需要把每一帧或者动画的每一段都显示得非常快。

Python 提供了多种制作图形的方法。除了 turtle 模块，你还可以使用外部模块（需要单独安装），

还有 Python 标准安装程序中自带的 tkinter 模块。tkinter 可以用来创建完整的应用程序，比如简单的字处理软件，还有简单的绘图软件。在这一章里，我们会看看如何用 tkinter 来创作图形。

12.1 创造一个可以点的按钮

作为我们的第一个例子，我们要用 tkinter 创建一个带按钮的简单程序。输入以下代码：

```
>>> from tkinter import *
>>> tk = Tk()
>>> btn = Button(tk, text="click me")
>>> btn.pack()
```

在第一行上，我们引入了 tkinter 模块的内容。用 from 模块名 import *就可以在不用模块名字的情况下使用模块的内容了。而如果像前面例子中用了 import turtle，我们就得用模块的名字才能访问它的内容：

```
import turtle
t = turtle.Pen()
```

如果用了 import *，我们就不用像在第 4 章和第 11 章一样调用 turtle.Pen 了。对于 turtle 模块来讲这个作用并不大，但是对于有很多类和函数的模块却很有用，因为它能让你少敲几下键盘。

```
from turtle import *
t = Pen()
```

在按钮例子的下一行，我们创建了一个包含 Tk 类对象的变量 tk = Tk()，这和我们创建 turtle 里的 Pen 对象一样。tk 对象创建一个基本的窗口，我们可以在上面增加其他东西，例如按钮、输入框，或者用来画图的画布。这是 tkinter 模块所提供的最主要的类，没有这个 Tk 类的对象，你就没办法画出任何图形或者动画。

在第三行，我们创建了一个按钮，代码是 btn = Button 后面跟着变量 tk 作为第一个参数，然后是 "按我" 作为按钮上面显示的文字，也就是(tk, text = "click me")。尽管我们已经把这个按钮加到了窗口中，可它还不会显示出来，除非你输入 btn.pack()这一行来让按钮这么做。如果有其他的按钮或者对象要显示的话，它还让屏幕上的每个东西都排列好。结果如图 12-1 所示。

这个 "按我" 的按钮什么也不做。就算你点上一天也不会有任何事发生，除非我们改一些代码（别忘记先关闭你之前创建的窗口）。

图 12-1 创建的按钮

首先，我们创建一个函数来打印一些文字：

```
>>> def hello():
        print('hello there')
```

然后改动我们的例子让它使用这个新函数：

```
>>> from tkinter import *
>>> tk = Tk()
>>> btn = Button(tk, text="click me", command=hello)
>>> btn.pack()
```

请注意，我们只对前面的代码做了一点点修改：加上了 command 参数，它让 Python 在按钮被点击时调用 hello 函数。

现在当你点击按钮时，你会看到在 Shell 程序中写着"你好"。每次你点击按钮都会看到它。在图 12-2 里，我点击了按钮五次。

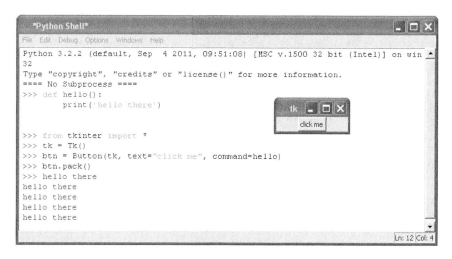

图 12-2　点击五次按钮

这是我们第一次在示例代码中使用 " 具名参数 " ，在继续画图之前让我们先来聊聊这个功能。

12.2　使用具名参数

具名参数和普通的参数一样，只是它不是按照函数所提供的参数的顺序来决定哪一个参数获得哪一个值（第一个参数得到第一个值，第二个参数得到第二个值，第三个参数得到第三个值，等等），我们明确地定义值的名字，所以可以写成任何顺序。

有时，函数有很多参数，我们不是总要给每个参数都赋值。具名参数可以让我们只为我们想给它赋值的参数提供值。

例如，假设我们有一个函数叫作 person，它有两个参数：宽（width）和高（height）。

```
>>> def person(width, height):
        print('I am %s feet wide, %s feet high' % (width, height))
```

通常，我们是这样调用它的：

```
>>> person(4, 3)
I am 4 feet wide, 3 feet high
```

使用具名参数，我们可以调用函数并指定每个值赋给哪个参数：

```
>>> person(height=3, width=4)
I am 4 feet wide, 3 feet high
```

随着我们越来越多地应用 tkinter 模块，具名参数会对我们越来越有帮助。

12.3　创建一个画图用的画布

按钮是个不错的工具，但是对于在屏幕上画东西来讲就没什么用处了。如果要画图的话，我们就需要一个不同的要素：一个 canvas（画布）对象，也就是 Canvas 类的对象（由 tkinter 模块提供）。

当我们创建一个画布时，我们给 Python 传入画布的宽度和高度（以像素为单位）。其他方面和按钮的代码相同。下面是一个例子：

```
>>> from tkinter import *
>>> tk = Tk()
>>> canvas = Canvas(tk, width=500, height=500)
>>> canvas.pack()
```

和按钮的例子一样，在你输入 tk = Tk()时，会出现一个窗口。在最后一行，我们用 canvas.pack()把画布布置好，这会把窗口变成宽 500 像素，高 500 像素，和第三行代码定义的一样。

还是和按钮的例子一样，pack 函数让画布显示在窗口中正确的位置上。如果没调用这个函数，就不会正常地显示任何东西。

12.4　画线

要在画布上画线，就要用像素坐标。坐标，定义了一个平面上像素的位置。在一个 tkinter 画布上，坐标决定了像素横向（从左到右）的距离，以及纵向（从上到下）的距离。

例如，因为我们的画布是 500 像素宽，500 像素高，那么屏幕右下角的坐标就是（500，500）。要画出如图 12-3 所示的线条，我们要使用起点坐标（0，0）和终点坐标（500，500）。

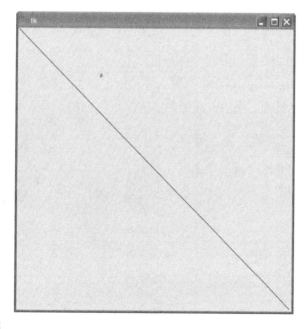

图 12-3　在画布上画线

我们用 create_line 函数来指定这些坐标，如下所示：

```
>>> from tkinter import *
>>> tk = Tk()
>>> canvas = Canvas(tk, width=500, height=500)
>>> canvas.pack()
>>> canvas.create_line(0, 0, 500, 500)
1
```

函数 creat_line 返回 1，它是个标志，我们以后再来了解它。如果我们要用 turtle 模块做同样的事情，那就需要下面这段代码：

```
>>> import turtle
>>> turtle.setup(width=500, height=500)
>>> t = turtle.Pen()
>>> t.up()
>>> t.goto(-250, 250)
>>> t.down()
>>> t.goto(500, -500)
```

tkinter 的代码看上去已经改进了很多。它略短了一些，也简单了一些。

现在让我们看看 canvas 对象上都有哪些可用的函数，用它们来做些更有趣的绘画。

12.5 画盒子

用 turtle 模块，我们画盒子是可以通过向前，转弯，再向前，再转弯，以此类推来画一个盒子。最后，我们可以通过改变向前移动的距离来画出一个长方形或正方形。

画正方形和长方形对于 tkinter 模块来说就简单多了。你只需要知道各个角的坐标。下面是一个例子（你现在可以关闭其他的窗口了）：

```
>>> from tkinter import *
>>> tk = Tk()
>>> canvas = Canvas(tk, width=400, height=400)
>>> canvas.pack()
>>> canvas.create_rectangle(10, 10, 50, 50)
```

在这段代码中，我们用 tkinter 建立一个 400 像素宽，400 像素高的画布，然后在窗口的左上角画一个正方形，如图 12-4 所示。

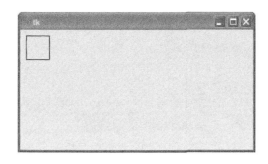

图 12-4 画一个正方形

在代码的最后一行我们传给 canvas.create.rectangle 的参数就是正方形的左上角和右下角的坐标。这些坐标是参照画布左边和顶边的距离。在这里前一对坐标（左上角）距左边 10 像素，距顶边 10 像素（也就是前两个数字 10, 10）。正方形的右下角距左边 50 像素，距顶边 50 像素（就是 50, 50 这两个数字）。

我们用 x1，y1 和 x2，y2 来指代这两组坐标。要画一个长方形，我们可以增加第二个坐标中距离画布边缘左边的长度（增大参数 x2 的值），像这样：

```
>>> from tkinter import *
>>> tk = Tk()
>>> canvas = Canvas(tk, width=400, height=400)
>>> canvas.pack()
>>> canvas.create_rectangle(10, 10, 300, 50)
```

在这个例子里，矩形左上角的坐标（它在屏幕上的位置）是(10, 10)，右下角的坐标是(300, 50)。结果我们得到了一个和原来的正方形一样高，但是宽很多的矩形，如图 12-5 所示。

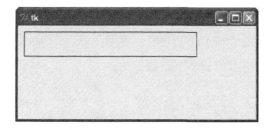

图 12-5 画一个矩形

我们也可以通过增加第二个角距离画布顶边的距离（增加参数 y2 的值），画出另一个矩形：

```
>>> from tkinter import *
>>> tk = Tk()
>>> canvas = Canvas(tk, width=400, height=400)
>>> canvas.pack()
>>> canvas.create_rectangle(10, 10, 50, 300)
```

这个对 create_rectangle 函数的调用依次意味着:

• 从画布的左上角横着数 10 个像素。

• 再从上向下数 10 个像素。这里就是矩形的起始角。

• 横着数 50 个像素，向下数 300 个像素画出一个矩形来。

画出的结果如图 12-6 所示。

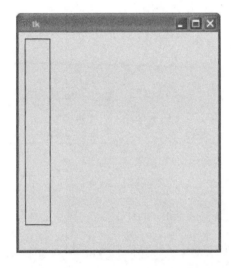

图 12-6　再画一个矩形

12.5.1　画许多矩形

让我们用很多大小各异的矩形来填满画布吧。我们可以引入 random 随机数模块，然后写一个函数用随机数作为矩形左上角和右下角的坐标。

我们会用到 random 模块提供的 randrange 函数。当我们给这个函数传入一个数字，它会返回一个在 0 和这个数字之间的随机整数。例如，调用 randrange(10)将会返回一个 0 至 9 之间的数字，randrange(100)将会返回一个 0 至 99 之间的数字，等等。

我们在函数中是这样使用 randrange 的。通过选择"文件→新建窗口"来创建一个新窗口，然后输入如下代码：

```
from tkinter import *
import random
tk = Tk()
canvas = Canvas(tk, width=400, height=400)
canvas.pack()
def random_rectangle(width, height):
    x1 = random.randrange(width)
    y1 = random.randrange(height)
    x2 = x1 + random.randrange(width)
    y2 = y1 + random.randrange(height)
    canvas.create_rectangle(x1, y1, x2, y2)
```

我们先定义一个函数（def random_rectangle），它有两个参数：宽（width）和高（height）。然后，我们用 randrange 函数来建立两个代表矩形左上角的变量，分别使用总宽度和高度作为参数 x1 = random.randrange(width)和 y1 = random.randrange(height)。事实上，对于第二行来讲，它的意思就是"建立变量 x1，设定它的值是从 0 到参数 width 之间的一个随机数"。

接下来的两行为矩形的右下角创建变量，并且考虑进左上角的坐标（x1 和 y1），把它们加上一个随机数。函数的第三行实际上就是"创建变量 x2，它是由前面计算得到的 x1 加上一个随机数"。

最后，我们用变量 x1，y1，x2 和 y2 来调用 canvas.create_rectangle 在画布上画出矩形。

让我们来试一试 random_rectangle 这个函数，把画布的宽度和高度作为参数。在你刚输入的函数后面加上下面这行代码：

```
random_rectangle(400, 400)
```

保存你刚刚输入的代码（选择"文件→保存"，然后输入文件名，比如 randomrect.py），然后选择"运行→运行"模块。如果你看到这个函数没问题的话，那么创建一个循环来多次调用 random_rectangle 把屏幕上画满矩形吧。让我们试着用一个 for 循环来画 100 个随机长方形。加上下面的代码，保存，然后再试着运行一下：

```
for x in range(0, 100):
    random_rectangle(400, 400)
```

这段代码画出来的东西有点乱，但看上去有点像现代艺术，如图 12-7 所示。

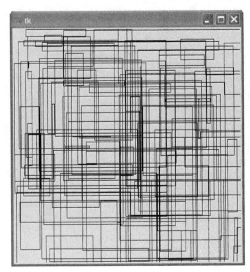

图 12-7　随机画出的 100 个矩形

12.5.2　设置颜色

当然，我们想画出有颜色的画。让我们改一改 random_rectangle 函数，传入一个额外的参数
（fill_color）来指定矩形的颜色。在新窗口中输入如下代码，保存为 colorrect.py：

```
from tkinter import *
import random
tk = Tk()
canvas = Canvas(tk, width=400, height=400)
canvas.pack()

def random_rectangle(width, height, fill_color):
    x1 = random.randrange(width)
    y1 = random.randrange(height)
    x2 = random.randrange(x1 + random.randrange(width))
    y2 = random.randrange(y1 + random.randrange(height))
    canvas.create_rectangle(x1, y1, x2, y2, fill=fill_color)
```

现在，create_rectangle 函数把 fill_color 作为一个参数，它指定画
出矩形所需要的颜色。

像下面这样，我们可以给函数传入有命名的颜色（用 400 像素宽，
400 像素高的画布）来创建一系列不同颜色的矩形。在尝试这个例子时，你也许喜欢通过拷

贝粘贴来节省一些输入。做法是，选中要拷贝的文字，按 Ctrl-C 来拷贝，点击一个空行，按 Ctrl-V 来粘贴。把这些代码加到 colorrect.py 的函数的下面：

```
random_rectangle(400, 400, 'green')
random_rectangle(400, 400, 'red')
random_rectangle(400, 400, 'blue')
random_rectangle(400, 400, 'orange')
random_rectangle(400, 400, 'yellow')
random_rectangle(400, 400, 'pink')
random_rectangle(400, 400, 'purple')
random_rectangle(400, 400, 'violet')
random_rectangle(400, 400, 'magenta')
random_rectangle(400, 400, 'cyan')
```

大多数命名的颜色都会显示成你所期望的颜色，但是有些会产生出一条错误信息（取决于你用的是 Windows、Mac OS X 还是 Linux）。

但是如果要定制一个和有命名的颜色不完全一样的颜色怎么办？还记得在第 11 章我们用红绿蓝三种颜色各自的百分比来设置海龟笔的颜色吗？用 tkinter 来设置每个主色的量（红绿蓝）相对来讲更复杂一点，但这难不倒我们。

当用 turtle 模块时，我们用 90% 的红色，75% 的绿色，没有蓝色来创建金色。在 tkinter 中，我们可以用这行代码来创建同样的金色：

```
random_rectangle(400, 400, '#ffd800')
```

在值 ffd800 之前的#号告诉 Python 我们提供的是一个"十六进制"数字。十六进制是在计算机编程中常常用到的一种表达数字的方法。与十进制数字以 10 为基数（0 到 9）不同，它采用 16 作为基数（0 到 9，然后是 A 到 F）。如果你还没学过数学中的基数的话，只要记得你可以用字符串中的占位符%x 来把一个普通的数字转换成十六进制数（参见第 3 章中"在字符串里嵌入值"）。例如，要把十进制数字 15 转成十六进制，你可以这样做：

```
>>> print('%x' % 15)
f
```

如果要确保得到的数字至少有两位，我们可以稍微改动一下格式占位符：

```
>>> print('%02x' % 15)
0f
```

tkinter 模块提供了一个简单的方法来得到十六进制颜色值。试试把下面的代码加到 colorrec.py 中（可以把其他对 random_rectangle 函数的调用删除）。

```
from tkinter import *
colorchooser.askcolor()
```

这段代码会显示一个颜色选择器，如图 12-8 所示。

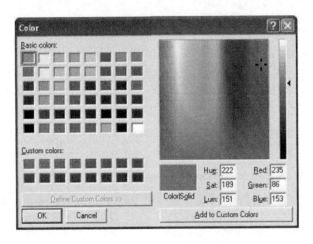

图 12-8　颜色选择器

当你选择了一个颜色并按"确定"，会出现一个元组。这个元组中包含了另一个元组，其中有三个数字和一个字符串：

```
>>> colorchooser.askcolor()
((235.91796875, 86.3359375, 153.59765625), '#eb5699')
```

这三个数字代表红绿蓝的量。在 tkinter 中，在一个颜色组合中每个主色的量分别由一个 0 到 255 之间的数字表示（这和 turtle 模块中用百分比表示主色有所不同）。元组中的字符里是这三个数字的十六进制版本。

你也可以把字符串的值拷贝粘贴来使用，或者把元组作为一个变量保存，然后用索引位置来获得十六进制的值。

让我们用 random_rectangle 函数来看看它好不好用。

```
>>> c = colorchooser.askcolor()
>>> random_rectangle(400, 400, c[1])
```

结果如图 12-9 所示。

图 12-9 为矩形设置颜色

12.6 画圆弧

圆弧是圆周的一段，或者说是一种曲线，但是为了用 tkinter
画出一个圆弧，你需要用 create_arc 函数在一个矩形中作图，
如图 12-10 所示。代码是这样的：

```
canvas.create_arc(10, 10, 200, 100, extent=180, style=ARC)
```

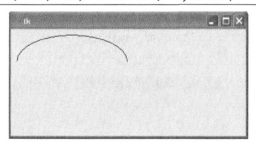

图 12-10 画一条圆弧

如果你已经把所有的 tkinter 窗口都关闭了，或者重新开启了 IDLE，请确保重新引入 tkinter
然后再次创建画布，代码如下：

```
>>> from tkinter import *
>>> tk = Tk()
>>> canvas = Canvas(tk, width=400, height=400)
>>> canvas.pack()
>>> canvas.create_arc(10, 10, 200, 100, extent=180, style=ARC)
```

这段代码把包含着圆弧的矩形的左上角坐标设置为(10, 10)，就是横向数 10 个像素，再向下数 10 个像素，右下角坐标是(200, 100)，就是横向数 200 个像素，再向下数 100 个像素。下一个参数 extent 是用来指定圆弧的角度。我们在第 4 章里讲过，角度就是一种对圆周上的距离的度量。图 12-11 是两个圆弧的例子，分别用了 45 度和 270 度：

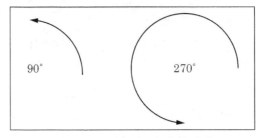

图 12-11　两个不同角度的圆弧

下面的代码在页面上自上而下画出几个不同的圆弧，这样你就可以看到对于 create_arc 函数使用不同角度的效果，如图 12-12 所示。

```
>>> from tkinter import *
>>> tk = Tk()
>>> canvas = Canvas(tk, width=400, height=400)
>>> canvas.pack()
>>> canvas.create_arc(10, 10, 200, 80, extent=45, style=ARC)
>>> canvas.create_arc(10, 80, 200, 160, extent=90, style=ARC)
>>> canvas.create_arc(10, 160, 200, 240, extent=135, style=ARC)
>>> canvas.create_arc(10, 240, 200, 320, extent=180, style=ARC)
>>> canvas.create_arc(10, 320, 200, 400, extent=359, style=ARC)
```

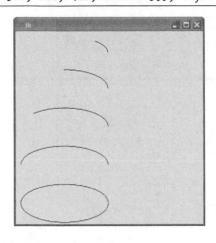

图 12-12　画出几个不同的圆弧

NOTE 在画最后一个圈时我们用了 359 度而不是 360 度，因为 tkinter 把 360 度当成 0 度，如果用 360 度的话就什么也不会画出来。

12.7　画多边形

多边形就是一个有三个或三个以上边的形状。常规的多边形有三角形、正方形、矩形、五边形、六边形等。还有边长不等的不规则图形，可能有很多边，形状各异。

当我们用 tkinter 来画多边形时，你要为多边形的每个点提供坐标。下面是画三角形的方法：

```
from tkinter import *
tk = Tk()
canvas = Canvas(tk, width=400, height=400)
canvas.pack()
canvas.create_polygon(10, 10, 100, 10, 100, 110, fill="",
outline="black")
```

这个画三角形的例子从 x，y 坐标(10, 10)开始，画到(100, 10)，然后结束于(100, 110)。结果如图 12-13 所示。

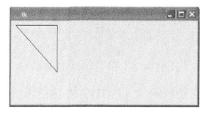

图 12-13　画一个三角形

我们可以再画一个不规则多边形（角度或者边长不等的形状），使用如下代码：

```
canvas.create_polygon(200, 10, 240, 30, 120, 100, 140, 120, fill="",
outline="black")
```

这段代码从坐标(200, 10)开始，画到(240, 30)，再画到(120, 100)，最后结束于(100, 140)。tkinter 会自动画回到连线到第一个开始的坐标。运行这段代码的结果如图 12-14 所示。

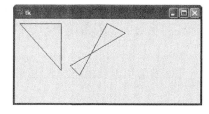

图 12-14　画一个不规则多边形

12.8　显示文字

除了画形状，你还可以用 create_text 在画布上写字。这个函数只需要两个坐标（文字 x 和 y 的位置），还有一个具名参数来接受要显示的文字。在下面的代码中，我们和从前一样创建画布，然后在坐标位置（150，100）显示一句话。把这段代码保存为 text.py。

```
from tkinter import *
tk = Tk()
canvas = Canvas(tk, width=400, height=400)
canvas.pack()
canvas.create_text(150, 100, text='There once was a man from Toulouse,')
```

create_text 函数还有几个很有用的参数，比方说字体颜色等。在下面的代码中，我们调用 create_text 函数时使用了坐标（130，120），还有要显示的文字，以及红色（red）的填充色。

```
canvas.create_text(130, 120, text='Who rode around on a moose.',
fill='red')
```

你还可以指定字体（显示文字所用的字体名称），方法是给出一个包含字体名和字体大小的元组。例如，大小为 20 的 Times 字体就是('Times'，20)。在下面的代码中，我们用大小为 15 的 Times 字体，大小为 20 的 Helvetica 字体，还有大小为 22 和 30 的 Courier 字体。

```
canvas.create_text(150, 150, text='He said, "It\'s my curse,',
font=('Times', 15))
canvas.create_text(200, 200, text='But it could be worse,',
font=('Helvetica', 20))
canvas.create_text(220, 250, text='My cousin rides round',
font=('Courier', 22))
canvas.create_text(220, 300, text='on a goose."', font=('Courier', 30))
```

图 12-15 是使用三种指定字体和五种不同大小调用这个函数的结果。

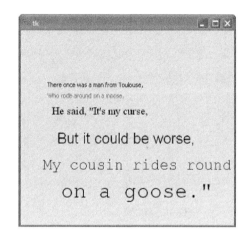

图 12-15　显示文字

12.9　显示图片

要用 tkinter 在画布上显示图片，首先要装入图片，然后使用 canvas 对象上的 create_image 函数。

你要装入的任何图片必须在一个 Python 可以访问的目录中。在我们的例子中，图片放在 C:\ 目录中，也就是 C 盘的根目录，当然你也可以把它放在别的地方，如图 12-16 所示。

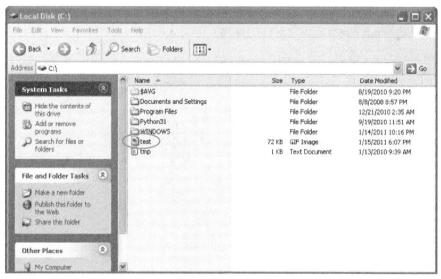

图 12-16　放在 C 盘中的图片

如果你用苹果电脑或者 Linux 系统，你可以把图片放在 home 目录中。如果你不能把文件放到 C 盘里，那么放到桌面也行。

NOTE   用 tkinter 只能装入 GIF 图片，也就是扩展名是.gif 的图片文件。想要显示其他类型的图片，如 PNG（.png）和 JPG（.jp），你就需要用到其他的模块，比如 Python 图像库（http://www.pythonware.com/products/pil/）。

我们可以这样来显示 test.gif 图片：

```
from tkinter import *
tk = Tk()
canvas = Canvas(tk, width=400, height=400)
canvas.pack()
my_image = PhotoImage(file='c:\\test.gif')
canvas.create_image(0, 0, anchor=NW, image=myimage)
```

在最前面四行，我们设置好画布，这和前面的例子一样。在第五行，把图片装入到变量 my_image 中。我们用路径'c:\\test.gif'来建立一个 PhotoImage。如果你把图片放在桌面上，你应该用那个路径来创建 PhotoImage，像这样：

```
my_image = PhotoImage(file='C:\\Users\\Joe Smith\\Desktop\\test.gif')
```

如果图片已经被装入到变量中， canvas.create_ image(0, 0, anchor=NW, image=myimage) 使用函数 create_image 来显示它。坐标(0, 0)是我们要显示图片的位置，anchor=NW 让函数使用左上角（NW 是 northwest，西北方向的意思）作为画图的起始点（否则的话它缺省用图片的中心作为起始点）。最后一个具名参数 image 指向装入的图片。结果如图 12-17 所示。

图 12-17   显示图片

12.10　创建基本的动画

我们讲了如何画出静态的图，那都是一些不会动的画。现在来做动画怎么样？

动画并不是 tkinter 模块的专长，但是基本的处理还是可以做的。例如，我们可以创建一个填了色的三角形，用下面的代码让它在屏幕上横向移动（别忘了选择"文件→新建窗口"，保存，然后用"运行→运行模块"来运行代码）：

```
import time
from tkinter import *
tk = Tk()
canvas = Canvas(tk, width=400, height=200)
canvas.pack()
canvas.create_polygon(10, 10, 10, 60, 50, 35)
for x in range(0, 60):
    canvas.move(1, 5, 0)
    tk.update()
    time.sleep(0.05)
```

当你运行这段代码时，三角形会从屏幕一边横向移动到另一边。如图 12-18 所示。

图 12-18　创建动画

它是如何工作的呢？和前面一样，引入 tkinter 后我们用前面三行来做显示画布的基本设置。在第四行，我们用这个函数来创建三角形：

```
canvas.create_polygon(10, 10, 10, 60, 50, 35)
```

NOTE　当你输入这一行时，屏幕上会打印出一个数字，它是这个多边形的 id。我们以后可以用它来指向这个形状，下面的例子里会用到。

接下来，我们写了一个简单的 for 循环，从 0 到 59，以 for x in range(0, 60):开始。循环中的代码块使三角形在屏幕上横向移动。canvas.move 函数会把任意画好的对象移动到把 x 和 y 坐标增加给定值的位置。例如，canvas.move(1, 5, 0)会把 ID 为 1 的对象（那个三角形的 ID 标识）横移 5 个像素，纵移 0 个像素。要想把它再移回来，我们可以用函数 canvas.move(1, -5, 0)。

函数 tk.update()强制 tkinter 更新屏幕（重画）。如果我们没用 update 的话，tkinter 会等到循环结束时才会移动三角形，这样的话你只会看到它跳到最后的位置，而不是平滑地穿过画布。循环的最后一行 time.sleep(0.05)，它让 Python 休息二十分之一秒（0.05 秒），然后再继续。

要想让三角形沿对角线在屏幕上移动，我们可以修改代码让它使用 move(1, 5, 5)。试试这样做，先关闭画布，然后创建一个新文件（文件→新窗口），输入以下代码：

```
import time
from tkinter import *
tk = Tk()
canvas = Canvas(tk, width=400, height=400)
canvas.pack()
canvas.create_polygon(10, 10, 10, 60, 50, 35)
for x in range(0, 60):
    canvas.move(1, 5, 5)
    tk.update()
    time.sleep(0.05)
```

这段代码和原来那段有两点不同：

1. 我们把画布的高度设置为 400 而不是 200，canvas = Canvas(tk, width=400, height=400)。

2. 我们给三角形的 x 和 y 坐标分别加 5，canvas.move(1, 5, 5)。

当你保存代码并运行后，图 12-19 是三角形在循环结束后的最后位置。

要让三角形在屏幕上沿对角线回到开始的位置，要用-5, -5（在文件结尾加上这段代码）：

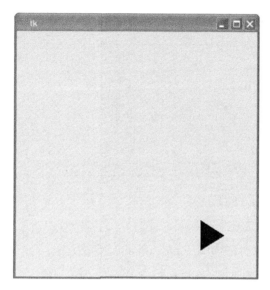

图 12-19   三角形最后的位置

```
for x in range(0, 60):
    canvas.move(1, -5, -5)
    tk.update()
    time.sleep(0.05)
```

12.11   让对象对操作有反应

我们可以用"消息绑定"来让三角形在有人按下某键时有反应。"消息"是在程序运行中发生的事件，比如有人移动了鼠标、按下了某键，或者关闭了窗口等。你可以让 tkinter 监视这些事件，然后做出反应。

要开始处理事件（让 Python 在事件发生时做些事情），我们首先要创建一个函数。当我们告诉 tkinter 将某个特定函数绑到（或者说关联到）某个特定事件上时就完成了绑定。换句话说，tkinter 会自动调用这个函数来处理事件。

例如，要让三角形在按下回车键时移动，我们可以定义这个函数：

```
def movetriangle(event):
    canvas.move(1, 5, 0)
```

这个函数只接受一个参数（event），tkinter 用它来给函数传递关于事件的信息。现在我们用画布

canvas 上的 bind_all 函数来告诉 tkinter 当特定事件发生时应该调用这个函数。全部代码是这样的：

```
from tkinter import *
tk = Tk()
canvas = Canvas(tk, width=400, height=400)
canvas.pack()
canvas.create_polygon(10, 10, 10, 60, 50, 35)
def movetriangle(event):
    canvas.move(1, 5, 0)
canvas.bind_all('<KeyPress-Return>', movetriangle)
```

该函数的第一个参数说明我们让 tkinter 监视什么事件。在这里，我们监视的事件叫作 <KeyPress-Return>，也就是按下回车键。我们告诉 tkinter 当这个 KeyPress 事件发生时应该调用 movetriangle 函数。

运行这段代码，用鼠标点击画布，然后在键盘上按回车键。

那么根据按键的不同而改变三角形的方向怎么样？比方说用方向键？这很容易。我们只要把 movetriangle 函数改成下面这样：

```
def movetriangle(event):
    if event.keysym == 'Up':
        canvas.move(1, 0, -3)
    elif event.keysym == 'Down':
        canvas.move(1, 0, 3)
    elif event.keysym == 'Left':
        canvas.move(1, -3, 0)
    else:
        canvas.move(1, 3, 0)
```

传入 movetriangle 的 event 对象中包含了几个变量。其中一个变量叫做 keysym（key symbol，键的符号），它是一个字符串，包含了实际按键的值。其中 if event.keysym == 'Up':的意思是说如果 keysym 变量中的字符串是'Up'（向上）的话，我们要用参数(1, 0, -3)来调用 canvas.move，就是下面那一行所做的事情。接下来 elif event.keysym == 'Down':是说如果 keysym 中是'Down'（向下）的话，我们用的参数就是(1, 0, 3)，等等。

记住，第一个参数是画布上所画的形状的 ID 数字，第二个是对 x（水平方向）坐标增加的值，第三个是对 y（垂直方向）坐标增加的值。

然后我们告诉 tkinter，函数 movetriangle 应当用来处理四种不同的事件（上、下、左、右）。如果你选择"文件→新建窗口"创建一个新的 Shell 程序窗口的话，同样也会容易得多。在运行代码之前，把它保存为一个有意义的名字，例如 movingtriangle.py。

```python
from tkinter import *
tk = Tk()
canvas = Canvas(tk, width=400, height=400)
canvas.pack()
canvas.create_polygon(10, 10, 10, 60, 50, 35)
def movetriangle(event):
❶     if event.keysym == 'Up':
❷         canvas.move(1, 0, -3)
❸     elif event.keysym == 'Down':
❹         canvas.move(1, 0, 3)
❺     elif event.keysym == 'Left':
❻         canvas.move(1, -3, 0)
❼     else:
❽         canvas.move(1, 3, 0)
canvas.bind_all('<KeyPress-Up>', movetriangle)
canvas.bind_all('<KeyPress-Down>', movetriangle)
canvas.bind_all('<KeyPress-Left>', movetriangle)
canvas.bind_all('<KeyPress-Right>', movetriangle)
```

在 movetriangle 函数里，我们在行 ❶ 检查 keysym 变量是否包含'Up'。如果有，我们就在第 ❷ 行用参数为 1, 0, -3 的 move 函数把三角形向上移动。其中第一个参数是三角形的 ID，第二个参数是向右移动的量（我们不想水平向右移动，所以这里的值是 0），第三个参数是向下移动多少（-3 像素）。

然后我们在第 ❸ 行检查 keysym 中是否包含'Down'，如果是的话，我们在第 ❹ 行把三角形向下移（3 个像素）。最后的检查是看第❺行的值是不是'Left'，如果是，第❻行我们就把三角形向左移（-3 个像素）。如果都不是的话，进入第❼行的 else，然后在第❽行把三角形向右移。

现在三角形应该能随按键的方向移动了。

12.12　更多使用 ID 的方法

只要用了画布上面以 create_开头的函数，例如 create_polygon 或者 create_rectangle 等等，它总会返回一个 ID。这个识别编号可以在其他画布的函数中使用，就像早前我们用的 move 函数一样。

```
>>> from tkinter import *
>>> tk = Tk()
>>> canvas = Canvas(tk, width=400, height=400)
>>> canvas.pack()
>>> canvas.create_polygon(10, 10, 10, 60, 50, 35)
1
>>> canvas.move(1, 5, 0)
```

这个例子的问题是 create_polygon 不会总是返回 1。例如，如果你之前创建了其他的形状，它可能会返回 2、3，甚至 100 也有可能（要看之前创建了多少形状）。如果我们修改代码来把返回值作为一个变量保存，然后使用这个变量（而不是直接用数字 1），那么无论返回值是多少，这段代码都能工作：

```
>>> mytriangle = canvas.create_polygon(10, 10, 10, 60, 50, 35)
>>> canvas.move(mytriangle, 5, 0)
```

move 函数让我们可以通过 ID 让对象在屏幕上移动。但是还有其他画布上的函数也能改变我们已经画好的东西。例如，画布上的 itemconfig 函数可以用来改变形状的某些参数，比方说它的填色以及轮廓线的颜色。

假如我们创建了一个红色的三角形：

```
>>> from tkinter import *
>>> tk = Tk()
>>> canvas = Canvas(tk, width=400, height=400)
>>> canvas.pack()
>>> mytriangle = canvas.create_polygon(10, 10, 10, 60, 50, 35,
fill='red')
```

我们可以用 itemconfig 来改变三角形的颜色，这需要把 ID 作为第一个参数。下面的代码的含意是："把 ID 为变量 mytriangle 中的值的对象的填充颜色改为蓝色。"

```
>>> canvas.itemconfig(mytriangle, fill='blue')
```

我们也可以给三角形一条不同颜色的轮廓线，同样使用 ID 作为第一个参数：

```
>>> canvas.itemconfig(mytriangle, outline='red')
```

以后，我们还要学习如何给图案做出其他改变，比方说隐藏和重现。当我们在下一章开始写计算机游戏时，你会发现能够修改已经在屏幕上的画好的东西很有用处。

12.13 你学到了什么

在这一章里，你使用 tkinter 模块在画布上画出了简单的几何形状，显示了图片，做出了简单的动画。你学会了如何用事件绑定来让图形响应按键，这在我们写计算机游戏时很有用。你知道了 tkinter 中以 create 开头的函数是如何返回一个 ID 数字，并可以在形状画好以后利用它来做修改，比方说在屏幕上移动或者修改颜色。

12.14 编程小测验

试试下面的练习来熟悉一下 tkinter 模块和基本的动画吧。答案可以在网站 http://python-for-kids.com/上找到。

#1：在屏幕上画满三角形

用 tkinter 写一个程序来把屏幕上画满三角形。然后修改代码使屏幕上画满不同颜色填充的三角形。

#2：移动三角形

修改移动三角形的那段代码（见"创建基本的动画"）来让它先横向向右移动，然后向下，再向左，最后回到起始位置。

#3：移动的照片

试着用 tkinter 在屏幕画布上显示一张你自己的照片。一定要 GIF 格式的照片才行哦！你能让它在屏幕上横向移动吗？

第 2 部分

弹球实例

第 13 章　你的第一个游戏：弹球

到目前为止，我们已经讲过了计算机编程的基础知识。你已经学会了如何使用变量来存储信息，使用带有 if 条件的代码，还有用 for 循环来重复执行代码等。你知道如何创建函数来重用代码，以及如何使用类和对象把代码划分成小块，使得它更容易理解。你已经学会了如何在屏幕上用海龟和 tkinter 模块来绘制图形。现在是时候使用这些知识来创建你的第一个游戏程序了。

13.1　击打反弹球

我们将要开发一个由反弹球和球拍构成的游戏。球会在屏幕上飞过来，玩家要用球拍把它弹回去。如果球落到了屏幕底部，那么游戏就结束了。图 13-1 是游戏完成后的预览。

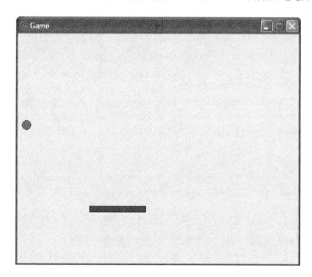

图 13-1　弹球游戏

我们的游戏可能看起来很简单，但代码仍会比我们已经写过的更加棘手一点，因为它需要处理很多的事情。例如，需要把球拍和球做成动画，球击中球拍或墙壁的检测。

在这一章里，我们会从创建游戏的画布和画弹球开始。在下一章，我们会加上球拍来完成这个游戏。

13.2　创建游戏的画布

要创建你自己的游戏，首先要在 Python Shell 程序中打开一个新文件（选择"文件→新建窗口"）。然后引入 tkinter，并创建一个用来画图的画布：

```
from tkinter import *
import random
import time
tk = Tk()
tk.title("Game")
tk.resizable(0, 0)
tk.wm_attributes("-topmost", 1)
canvas = Canvas(tk, width=500, height=400, bd=0, highlightthickness=0)
canvas.pack()
tk.update()
```

这和前面的例子有些不同。首先，我们用 import random 和 import time 引入了 time 模块和 random 模块，留着以后用。

通过 tk.title（"Game"），我们用 tk 对象中的 title 函数给窗口加上一个标题，tk 对象是由 tk = Tk() 创建的。然后我们用 resizable 函数来使窗口的大小不可调整。其中参数 0, 0 的意思是："窗口的大小在水平方向上和垂直方向上都不能改变。"接下来，我们调用 wm_attributes 来告诉 tkinter 把包含我们画布的窗口放到所有其他窗口之前（-topmost）。

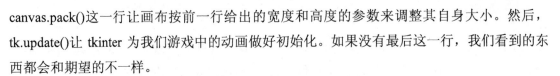

请注意，当我们用 canvas =来创建 canvas 对象时，我们传入了比之前例子更多的具名函数。比方说，bd=0 和 highlightthickness=0 确保在画布之外没有边框，这样会让我们的游戏屏幕看上去更美观一些。

canvas.pack()这一行让画布按前一行给出的宽度和高度的参数来调整其自身大小。然后，tk.update()让 tkinter 为我们游戏中的动画做好初始化。如果没有最后这一行，我们看到的东西都会和期望的不一样。

要记得一边写一边保存。在第一次保存时给它起个有意义的名字，例如 paddleball.py。

13.3 创建 Ball 类

现在我们要创建球的类。我们从球把自己画在画布上的代码开始。下面是我们要做的事情。

1. 创建一个叫 Ball 的类，它有两个参数，一个是画布，另一个是球的颜色。

2. 把画布保存到一个对象变量中，因为我们会在它上面画球。

3. 在画布上画一个用颜色参数作为填充色的小球。

4. 把 tkinter 画小球时所返回的 ID 保存起来，因为我们要用它来移动屏幕上的小球。

这段代码应该加在文件中头两行代码的后面（在 import time 的后面）：

```
    from tkinter import *
    import random
    import time

❶  class Ball:
❷      def __init__(self, canvas, color):
❸          self.canvas = canvas
❹          self.id = canvas.create_oval(10, 10, 25, 25, fill=color)
❺          self.canvas.move(self.id, 245, 100)

        def draw(self):
            pass
```

首先，我们在 ❶ 处把类命名为 Ball。然后在 ❷ 处创建一个初始化函数（在第 8 章中有解释），它有两个参数分别是画布 canvas 和颜色 color。在 ❸ 处我们把参数 canvas 赋值给对象变量 canvas。

在 ❹ 处，我们调用 create_oval 函数，其中用到五个参数：左上角的 x，y 坐标（10 和 10），右下角的 x，y 坐标（25 和 25），最后是椭圆形的填充颜色。

函数 create_oval 返回它刚画好的这个形状的 ID，我们把它保存到对象变量中。在 ❺ 处，我们把椭圆形移到画布的中心（坐标位置 245，100）。画布之所以知道要移动什么，是因为我们用保存好的形状 ID 来标识它。

在 Ball 类的最后两行，我们用 def draw(self) 创建了 draw 函数，其函数体只是一

个 pass 关键字。目前它什么也不做，稍后我们会给这个函数增加更多的东西。

既然我们已经创建了一个 Ball 类，我们就需要建立一个这个类的对象（还记得吗？类描述了它能做什么，但是实际上是对象在做这些事情）。把下面的代码加到程序的最后来创建一个红色小球对象：

```
ball = Ball(canvas, 'red')
```

如果你现在就用"运行→运行模块"来运行程序的话，画布会出现一下然后马上消失。要防止窗口马上关闭，我们需要增加一个动画循环，我们把它称为我们游戏的"主循环"。

主循环是程序的中心部分，一般来讲它控制程序中大部分的行为。我们的主循环目前只是让tkinter 重画屏幕。这个循环一直运行下去（或者说直到我们关闭窗口前），不停地让 tkinter重画屏幕，然后休息百分之一秒。我们要把它加到程序的最后面：

```
ball = Ball(canvas, 'red')

while 1:
    tk.update_idletasks()
    tk.update()
    time.sleep(0.01)
```

现在如果你运行这段代码的话，小球就应该出现在画布差不多中间的位置，如图 13-2 所示。

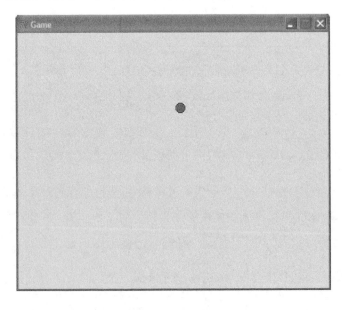

图 13-2　创建小球

13.4 增加几个动作

现在我们已经做出了小球的类，下面该让小球动起来了。我们要
让它移动、反弹，并改变方向。

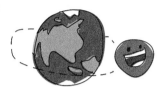

13.4.1 让小球移动

要让小球移动，我们需要修改 draw 函数：

```
class Ball:
    def __init__(self, canvas, color):
        self.canvas = canvas
        self.id = canvas.create_oval(10, 10, 25, 25, fill=color)
        self.canvas.move(self.id, 245, 100)

    def draw(self):
        self.canvas.move(self.id, 0, -1)
```

因为 __init__ 把 canvas 参数保存为对象变量 canvas 了，我们可以用 self.canvas 来使用这个变
量，然后调用画布上的 move 函数。

我们给 move 传了三个参数：id 是椭圆形的 ID，还有数字 0 和-1。其中 0 是指不要水平移动，
-1 是指在屏幕上向上移动 1 个像素。

我们一次只对程序做这么小的一点改动，这是因为我们最好一边做一边试验它是否好用。假如
我们一次性把游戏的所有代码都写好，然后才发现它不工作，那我们要到哪里去找原因呢？

另一处改动在程序后部的主循环里。在 while 循环的语句块里（那个就是我们的主循环！），
我们增加一个对小球对象 draw 函数的调用，如下：

```
while 1:
    ball.draw()
    tk.update_idletasks()
    tk.update()
    time.sleep(0.01)
```

如果你现在运行代码，小球会在画布上向上移动，然后消失，因为代码强制 tkinter 快速重画
屏幕（update_idletasks 和 update 这两个命令让 tkinter 快一点把画布上的东西画出来）。

time.sleep 这个命令是对 time 模块的 sleep 函数的调用，它让 Python 休息百分之一秒（0.01秒）。它确保我们的程序不会运行得过快，以至于我们还没看见它，它就消失了。

所以，这个循环就是：把小球移动一点点，在新的位置重画屏幕，休息一会儿，然后从头再来。

NOTE　在关闭游戏窗口时，你可能会见到 Shell 程序中打印出错误信息。这是因为当你关闭窗口时，代码要强行从 while 循环中跳出来，Python 觉得不爽。

你的游戏代码现在看上去应该是这样的：

```python
from tkinter import *
import random
import time

class Ball:
    def __init__(self, canvas, color):
        self.canvas = canvas
        self.id = canvas.create_oval(10, 10, 25, 25, fill=color)
        self.canvas.move(self.id, 245, 100)
    def draw(self):
        self.canvas.move(self.id, 0, -1)

tk = Tk()
tk.title("Game")
tk.resizable(0, 0)
tk.wm_attributes("-topmost", 1)
canvas = Canvas(tk, width=500, height=400, bd=0, highlightthickness=0)
canvas.pack()
tk.update()

ball = Ball(canvas, 'red')

while 1:
    ball.draw()
    tk.update_idletasks()
    tk.update()
    time.sleep(0.01)
```

13.4.2　让小球来回反弹

如果小球只是走到屏幕顶端消失的话，这样的游戏可没什么意思，所以要让它能够反弹。首先，我们在小球 Ball 类的初始化函数里再加上几个对象变量：

```
def __init__(self, canvas, color):
    self.canvas = canvas
    self.id = canvas.create_oval(10, 10, 25, 25, fill=color)
    self.canvas.move(self.id, 245, 100)
    self.x = 0
    self.y = -1
    self.canvas_height = self.canvas.winfo_height()
```

我们给程序加上了三行代码。其中 self.x = 0 给对象变量 x 赋值为 0，然后 self.y = -1 给对象变量 y 赋值为-1。最后，我们调用画布上的 winfo_height 函数来获取画布当前的高度，并把它赋值给对象变量 canvas_height。

接下来，我们再次修改 draw 函数：

```
    def draw(self):
❶      self.canvas.move(self.id, self.x, self.y)
❷      pos = self.canvas.coords(self.id)
❸      if pos[1] <= 0:
            self.y = 1
❹      if pos[3] >= self.canvas_height:
            self.y = -1
```

在 ❶ 处，我们把对画布上 move 函数的调用改为传入变量 x 和 y。接下来，我们在 ❷ 处创建变量 pos，把它赋值为画布函数 coords。这个函数通过 ID 来返回画布上任何画好的东西的当前的 x 和 y 坐标。在这里，我们给 coords 传入对象变量 id，它就是那个圆形的 ID。

coords 函数返回一个由四个数字组成的列表来表示坐标。如果我们把函数调用的结果打印出来，就是这样的：

```
print(self.canvas.coords(self.id))
[255.0, 29.0, 270.0, 44.0]
```

其中列表中前两个数字（255.0 和 29.0）包含椭圆形左上角的坐标（x1 和 y1），后两个（270.0 和 44.0）是右下角 x2 和 y2 的坐标。我们会在下面的几行代码中用到这些值。

在 ❸ 处，我们判断 y1 坐标（就是小球的顶部）是否小于等于 0。如果是，我们把对象变量 y 设置为 1。这么做的效果就是如果小球撞到了屏幕的顶部，它将不再继续从纵坐标减 1，这样它就不再继续向上移动了。

在 ❹ 处，我们判断 y2 坐标（就是小球的底部）是否大于或等于变量 canvas_height，即画布高度。如果是，我们把对象变量 y 设置回-1。

现在运行这段代码，小球应该在画布上上下弹跳，直到你关闭窗口。

13.4.3　改变小球的起始方向

只是让小球慢慢地上窜下跳还算不上是什么游戏，所以让我们来使它更强大一点，改变它的起始方向，也就是游戏开始时小球飞行的角度。
在__init__函数里，修改这两行：

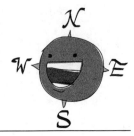

```
self.x = 0
self.y = -1
```

改成下面这样（要确保每行开头的空格数都是 8 个）：

```
❶          starts = [-3, -2, -1, 1, 2, 3]
❷          random.shuffle(starts)
❸          self.x = starts[0]
❹          self.y = -3
```

在第 ❶ 行，我们创建了变量 starts，它是一个由六个数字组成的列表，然后在第 ❷ 行用 random.shuffle 来把它混排一下。在第 ❸ 行，我们把 x 的值设为列表中的第一个元素，所以 x 有可能是列表中的任何一个值，从-3 到 3。

如果在第 ❹ 行我们把 y 改成-3 的话（让小球飞快一点），我们需要再改动几个地方来保证小球不会从屏幕两边消失。在__init__函数的结尾加上下面的代码来把画布的宽度保存到一个新的对象变量 canvas_width 中：

```
self.canvas_width = self.canvas.winfo_width()
```

我们会在 draw 函数中使用这个新对象变量来判断小球是否撞到了画布的顶部或底部：

```
if pos[0] <= 0:
    self.x = 3
if pos[2] >= self.canvas_width:
    self.x = -3
```

既然我们把 x 从 3 改成了-3，我们也要对 y 做同样的操作，这样小球才能在各个方向上速度一致。现在你的 draw 函数应该是这样的：

```
def draw(self):
    self.canvas.move(self.id, self.x, self.y)
    pos = self.canvas.coords(self.id)
    if pos[1] <= 0:
        self.y = 3
    if pos[3] >= self.canvas_height:
        self.y = -3
    if pos[0] <= 0:
        self.x = 3
    if pos[2] >= self.canvas_width:
        self.x = -3
```

保存并运行代码，现在小球应该四处弹来弹去，不会消失了。整个程序应该是这样的：

```
from tkinter import *
import random
import time

class Ball:
    def __init__(self, canvas, color):
        self.canvas = canvas
        self.id = canvas.create_oval(10, 10, 25, 25, fill=color)
        self.canvas.move(self.id, 245, 100)
        starts = [-3, -2, -1, 1, 2, 3]
        random.shuffle(starts)
        self.x = starts[0]
        self.y = -3
        self.canvas_height = self.canvas.winfo_height()
        self.canvas_width = self.canvas.winfo_width()

    def draw(self):
        self.canvas.move(self.id, self.x, self.y)
        pos = self.canvas.coords(self.id)
        if pos[1] <= 0:
            self.y = 3
        if pos[3] >= self.canvas_height:
            self.y = -3
        if pos[0] <= 0:
            self.x = 3
        if pos[2] >= self.canvas_width:
            self.x = -3
```

```
tk = Tk()
tk.title("Game")
tk.resizable(0, 0)
tk.wm_attributes("-topmost", 1)
canvas = Canvas(tk, width=500, height=400, bd=0, highlightthickness=0)
canvas.pack()
tk.update()

ball = Ball(canvas, 'red')

while 1:
    ball.draw()
    tk.update_idletasks()
    tk.update()
    time.sleep(0.01)
```

13.5　你学到了什么

在这一章，我们开始用 tkinter 模块写我们的第一个计算机游戏。我们创建了一个小球的类，把它做成动画在屏幕上四处移动。我们用坐标来检查小球是否撞到画布的边缘，这样我们就可以让它弹回去。我们还使用了 random 模块中的 shuffle 函数，这样我们的小球就不会每次总是从一开始向同一个方向移动。在下一章里，我们会加上球拍来完成这个游戏。

第 14 章　完成你的第一个游戏：反弹吧，小球！

在前一章，我们开始写我们的第一个游戏：反弹球！我们创建了一个画布，并在游戏代码中加上一个弹来弹去的小球。但是我们的小球就只是这样一直在屏幕上弹来弹去（直到你关闭窗口或者至少直到你关闭电脑），这样可算不上是什么游戏。现在我们要增加一个球拍给玩家用。我们还会给游戏增加一个偶然因素，这样会增加一些游戏的难度，也会更好玩。

14.1　加上球拍

如果没有东西来击打弹回小球的话，这样的游戏可没什么意思。让我们来加上一个球拍吧！

首先在 Ball 类后面加上下面的代码，来创建一个球拍（要在 Ball 的 draw 函数后面新起一行）：

```
    def draw(self):
        self.canvas.move(self.id, self.x, self.y)
        pos = self.canvas.coords(self.id)
        if pos[1] <= 0:
            self.y = 3
        if pos[3] >= self.canvas_height:
            self.y = -3
        if pos[0] <= 0:
            self.x = 3
        if pos[2] >= self.canvas_width:
            self.x = -3

class Paddle:
    def __init__(self, canvas, color):
        self.canvas = canvas
        self.id = canvas.create_rectangle(0, 0, 100, 10, fill=color)
```

```
        self.canvas.move(self.id, 200, 300)

    def draw(self):
        pass
```

这些新加的代码几乎和 Ball 类一模一样，只是我们调用了 create_rectangle（而不是 create_oval），而且我们把长方形移到坐标 200, 300（横向 200 像素，纵向 300 像素）。

接下来，在代码的最后，创建一个 Paddle 类的对象，然后改变主循环来调用球拍的 draw 函数，如下所示：

```
paddle = Paddle(canvas, 'blue')
ball = Ball(canvas, 'red')

while 1:
    ball.draw()
    paddle.draw()
tk.update_idletasks()
tk.update()
time.sleep(0.01)
```

如果现在运行游戏，你应该可以看到反弹小球和一个静止的长方形球拍，如图 14-1 所示。

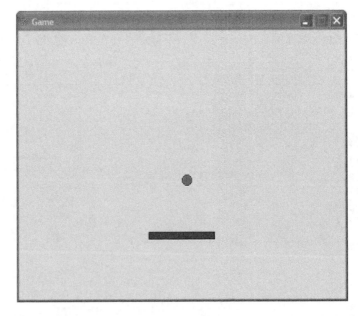

图 14-1 添加球拍

14.2 让球拍移动

要想让球拍左右移动，我们要用事件绑定来把左右方向键绑定到 Paddle 类的新函数上。当玩家按下向左键时，变量 x 会被设置为-2（向左移）。按下向右键时把变量 x 设置为 2（向右移）。

首先要在 Paddle 类的 __init__ 函数中加上对象变量 x，还有一个保存画布宽度的变量，这和我们在 Ball 类中做的一样：

```
def __init__(self, canvas, color):
    self.canvas = canvas
    self.id = canvas.create_rectangle(0, 0, 100, 10, fill=color)
    self.canvas.move(self.id, 200, 300)
    self.x = 0
    self.canvas_width = self.canvas.winfo_width()
```

现在我们需要两个函数来改变向左（turn_left）和向右（turn_right）的方向。我们会把它们加在 draw 函数的后面：

```
def turn_left(self, evt):
    self.x = -2

def turn_right(self, evt):
    self.x = 2
```

我们可以在类的 __init__ 函数中用以下两行代码来把正确的按键绑定到这两个函数上。在前面"让对象对操作有反应"一节里我们使用绑定让 Python 在按键按下时调用一个函数。在这里，我们把 Paddle 类中的函数 turn_left 绑定到左方向键，它的事件名为 '<keyPress-Left>'。然后我们把函数 turn_right 绑定到右方向键，它的事件名为 '<KeyPress-Right>'。现在我们的 __init__ 函数成了这样：

```
def __init__(self, canvas, color):
    self.canvas = canvas
    self.id = canvas.create_rectangle(0, 0, 100, 10, fill=color)
    self.canvas.move(self.id, 200, 300)
    self.x = 0
    self.canvas_width = self.canvas.winfo_width()
    self.canvas.bind_all('<KeyPress-Left>', self.turn_left)
    self.canvas.bind_all('<KeyPress-Right>', self.turn_right)
```

Paddle 类的 draw 函数和 Ball 类的差不多：

```
def draw(self):
    self.canvas.move(self.id, self.x, 0)
    pos = self.canvas.coords(self.id)
    if pos[0] <= 0:
        self.x = 0
    elif pos[2] >= self.canvas_width:
        self.x = 0
```

我们用画布的 move 函数在变量 x 的方向上移动球拍，代码为 self.canvas.move(self.id, self.x, 0)。然后，我们得到球拍的坐标来判断它是否撞到了屏幕的左右边界。

然而球拍并不应该像小球一样弹回来，它应该停止运动。所以，当左边的 x 坐标（pos[0]）小于或等于 0 时（<= 0），我们用 self.x = 0 来把变量 x 设置为 0。同样地，当右边的 x 坐标（pos[2]）大于或等于画布的宽度时（>= self.canvas_width），我们也要用 self.x = 0 来把变量 x 设置为 0。

NOTE 如果现在运行程序，你需要先点击一下画布，这样游戏才能识别出你的左右方向键动作。点击画布让画布得到焦点，也就是说当有人在键盘上按下某键时它将接管过来。

判断小球是否击中球拍

到目前为止，小球不会撞到球拍上。实际上，小球会从球拍上直接飞过去。小球需要知道它是否撞上了球拍，就像小球要知道它是否撞到了墙上一样。

我们可以在 draw 函数里加些代码来解决这个问题（我们已经在那里检查是否撞到了墙上），但最好还是把这段代码加到一个新函数里，把代码拆成小段。如果我们在一个地方写了太多的代码（比方说在一个函数里），我们会让代码变得难于理解。让我们现在就来做这个必要的修改吧。

首先，我们修改小球的 __init__ 函数，这样我们就可以把球拍 paddle 对象作为参数传给它：

```
     class Ball:
❶        def __init__(self, canvas, paddle, color):
             self.canvas = canvas
❷            self.paddle = paddle
             self.id = canvas.create_oval(10, 10, 25, 25, fill=color)
             self.canvas.move(self.id, 245, 100)
             starts = [-3, -2, -1, 1, 2, 3]
             random.shuffle(starts)
             self.x = starts[0]
             self.y = -3
             self.canvas_height = self.canvas.winfo_height()
             self.canvas_width = self.canvas.winfo_width()
```

请注意在 ❶ 处我们修改__init__的参数，加上球拍。然后在 ❷ 处，我们把球拍 paddle 参数赋值给对象变量 paddle。

保存了 paddle 对象后，我们要修改创建小球 ball 对象的代码。这个改动在程序的底部，在主循环之前：

```
paddle = Paddle(canvas, 'blue')
ball = Ball(canvas, paddle, 'red')

while 1:
    ball.draw()
    paddle.draw()
    tk.update_idletasks()
    tk.update()
    time.sleep(0.01)
```

判断小球是否击打到了球拍的代码比判断是否撞到墙上的代码要复杂一些。我们把这个函数叫做 hit_paddle 并把它加到 Ball 类的 draw 函数中，就是判断小球是否撞到屏幕底部的那个地方：

```
def draw(self):
    self.canvas.move(self.id, self.x, self.y)
    pos = self.canvas.coords(self.id)
    if pos[1] <= 0:
        self.y = 3
    if pos[3] >= self.canvas_height:
        self.y = -3
    if self.hit_paddle(pos) == True:
```

```
        self.y = -3
    if pos[0] <= 0:
        self.x = 3
    if pos[2] >= self.canvas_width:
        self.x = -3
```

我们新增的这段代码是说，如果 hit_paddle 返回真的话，我们把对象变量用 self.y = -3 来变成-3，从而让它改变方向。但是现在还不能运行游戏，因为我们还没有创建 hit_paddle 函数。我们现在就写。

把 hit_paddle 函数写在 draw 函数之前。

```
❶      def hit_paddle(self, pos):
❷          paddle_pos = self.canvas.coords(self.paddle.id)
❸          if pos[2] >= paddle_pos[0] and pos[0] <= paddle_pos[2]:
❹              if pos[3] >= paddle_pos[1] and pos[3] <= paddle_pos[3]:
                    return True
            return False
```

首先，我们在 ❶ 处定义这个函数，它有一个参数 pos。这一行包含了小球的当前坐标。然后，在 ❷ 处，我们得到拍子的坐标并把它们放到变量 paddle_pos 中。在 ❸ 处是我们第一部分的 if 语句，它的意思是"如果小球的右侧大于球拍的左侧，并且小球的左侧小于球拍的右侧……"。其中 pos[2]包含了小球右侧的 x 坐标，pos[0]包含了左侧的 x 坐标。变量 paddle_pos[0]包含了球拍左侧的 x 坐标，paddle_pos[2]包含了右侧的 x 坐标。图 14-2 显示了在小球快要撞到拍子时的这些坐标。

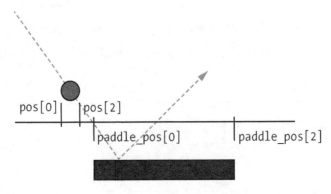

图 14-2　小球与球拍的坐标

小球正在往球拍方向落下，但是，小球的右侧（pos[2]）还没有穿过球拍的左侧（paddle_pos[0]）。

在 ❹ 处，我们判断小球的底部(pos[3])是否在球拍的顶部(paddle_pos[1])和底部(paddle_pos[3])之间。在图 14-3 中，你可以看到小球的底部（pos[3]）还没有撞到球拍的顶部（paddle_pos[1]）。

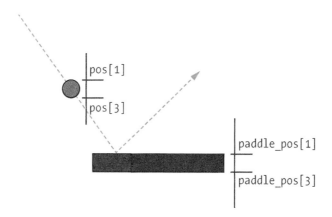

图 14-3　小球还未撞到球拍

因此，基于现在小球的位置，hit_paddle 函数会返回 False。

NOTE　为什么我们要看小球的底部是否在球拍的顶部和底部之间呢？为什么不只是判断小球的底部是否打到了球拍的顶部？因为小球在屏幕上每次移动 3 个像素。如果我们只检查小球是否到达了球拍的顶部（pos[1]），我们可能已经跨过了那个位置。这样的话小球仍会继续向前移动，穿过球拍，不会停止。

14.3　增加输赢因素

现在我们要把程序变成一个好玩的游戏，而不只是弹来弹去的小球和一个球拍。游戏中都需要一点输赢因素，让玩家有可能输掉。在现在的游戏里，小球会一直弹来弹去，所以没有输赢的概念。

我们会通过添加代码来完成这个游戏，也就是说，如果小球撞到了画布的底端（也就是落在了地上），游戏就结束了。我们就说"游戏结束"。

首先，我们在 Ball 类的 __inif__ 函数后面增加一个 hit_bottom 对象变量：

```
self.canvas_height = self.canvas.winfo_height()
self.canvas_width = self.canvas.winfo_width()
self.hit_bottom = False
```

然后我们修改程序最后的主循环，像这样：

```
while 1:
    if ball.hit_bottom == False:
        ball.draw()
        paddle.draw()
    tk.update_idletasks()
    tk.update()
    time.sleep(0.01)
```

现在，循环会不断地检查小球是否撞到了屏幕的底端（hit_bottom）。假设小球还没有碰到底部，代码会让小球和球拍一直移动，正如你在 if 语句中看到的一样。只有在小球没有触及底端时才会移动小球和球拍。当小球和球拍停止运动时游戏就结束了（我们不再让它们动了）。

最后对 Ball 类的 draw 函数进行修改：

```
def draw(self):
    self.canvas.move(self.id, self.x, self.y)
    pos = self.canvas.coords(self.id)
    if pos[1] <= 0:
        self.y = 3
    if pos[3] >= self.canvas_height:
        self.hit_bottom = True
    if self.hit_paddle(pos) == True:
        self.y = -3
    if pos[0] <= 0:
        self.x = 3
    if pos[2] >= self.canvas_width:
        self.x = -3
```

我们改变了一条 if 语句，来判断小球是否撞到了屏幕的底部（也就是它是否大于或等于 canvas_height）。如果是，在下面一行，我们把 hit_bottom 设置为 True，而不再是改变变量 y 的值，因为一旦小球撞到屏幕的底部，它就不用再弹回去了。

现在运行游戏程序，如果你没用球拍打到小球的话，屏幕上所有的东西就都不动了，小球一旦碰到了画布的底端，游戏就结束了，如图 14-4 所示。

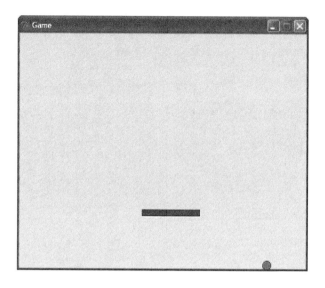

图 14-4　游戏结束

你的程序代码应该和下面的一样。如果你的游戏运行不起来的话，照着这个来检查一下你的
代码吧。

```python
from tkinter import *
import random
import time

class Ball:
    def __init__(self, canvas, paddle, color):
        self.canvas = canvas
        self.paddle = paddle
        self.id = canvas.create_oval(10, 10, 25, 25, fill=color)
        self.canvas.move(self.id, 245, 100)
        starts = [-3, -2, -1, 1, 2, 3]
        random.shuffle(starts)
        self.x = starts[0]
        self.y = -3
        self.canvas_height = self.canvas.winfo_height()
        self.canvas_width = self.canvas.winfo_width()
        self.hit_bottom = False
    def hit_paddle(self, pos):
        paddle_pos = self.canvas.coords(self.paddle.id)
        if pos[2] >= paddle_pos[0] and pos[0] <= paddle_pos[2]:
            if pos[3] >= paddle_pos[1] and pos[3] <= paddle_pos[3]:
                return True
        return False
```

```python
    def draw(self):
        self.canvas.move(self.id, self.x, self.y)
        pos = self.canvas.coords(self.id)
        if pos[1] <= 0:
            self.y = 3
        if pos[3] >= self.canvas_height:
            self.hit_bottom = True
        if self.hit_paddle(pos) == True:
            self.y = -3
        if pos[0] <= 0:
            self.x = 3
        if pos[2] >= self.canvas_width:
            self.x = -3

class Paddle:
    def __init__(self, canvas, color):
        self.canvas = canvas
        self.id = canvas.create_rectangle(0, 0, 100, 10, fill=color)
        self.canvas.move(self.id, 200, 300)
        self.x = 0
        self.canvas_width = self.canvas.winfo_width()
        self.canvas.bind_all('<KeyPress-Left>', self.turn_left)
        self.canvas.bind_all('<KeyPress-Right>', self.turn_right)

    def draw(self):
        self.canvas.move(self.id, self.x, 0)
        pos = self.canvas.coords(self.id)
        if pos[0] <= 0:
            self.x = 0
        elif pos[2] >= self.canvas_width:
            self.x = 0

    def turn_left(self, evt):
        self.x = -2

    def turn_right(self, evt):
        self.x = 2
tk = Tk()
tk.title("Game")
tk.resizable(0, 0)
tk.wm_attributes("-topmost", 1)
canvas = Canvas(tk, width=500, height=400, bd=0, highlightthickness=0)
canvas.pack()
```

```
tk.update()

paddle = Paddle(canvas, 'blue')
ball = Ball(canvas, paddle, 'red')

while 1:
    if ball.hit_bottom == False:
        ball.draw()
        paddle.draw()
    tk.update_idletasks()
    tk.update()
    time.sleep(0.01)
```

14.4 你学到了什么

在这一章里，我们用 tkinter 模块完成了我们的第一个游戏程序。我们创建了游戏中的球拍的类，用坐标来检查小球是否撞到了球拍或者游戏画布的边界。我们用事件绑定来把左右方向键绑定到球拍的移动上，然后用主循环来调用 draw 函数制作动画效果。最后，我们给游戏加上了输赢因素，当玩家没有接到球，小球落在画布的底端时游戏就结束了。

14.5 编程小测验

到目前为止，我们的游戏还很简单。要想让我们的游戏变得更专业，还有很多修改可以做。尝试在以下几个方面加强一下你的代码，让它变得更好玩，答案可以在网站 http://python-for-kids.com/ 上找到。

#1：游戏延时开始

我们的游戏开始得太快了，你需要先点击画布它才能识别你的左右键。你能不能让游戏开始时有一个延时，这样玩家有足够的时间来点击画布？或者，最好你可以绑定一个鼠标点击事件，游戏只有在玩家点击后才开始。

提示 1：你已经给 Paddle 类增加了事件绑定，可以考虑从那里开始。

提示 2：鼠标左键的事件绑定是字符串'<Button-1>'。

#2：更好的"游戏结束"

现在游戏结束时所有的东西都停下不动了，这对玩家可不够友好。尝试在游戏结束时在屏幕底部写上文字"游戏结束"。你可以用 create_text 函数，其中有一个具名参数 state 很有用（它的值可以是 normal（正常）和 hidden（隐藏）。看看在前面的章节"更多使用 ID 的方法"中介绍的 itemconfig。再来点挑战：增加一个延时，不要让文字马上跳出来。

#3：让小球加速

如果你会打网球的话，你就知道当球撞到你的球拍后，有时它飞走的速度比来的时候还快，这要看你挥拍时有多用力。我们游戏中的小球的速度总是一样的，不论拍子是否移动。尝试改变程序把球拍的速度传递给小球。

#4：记录玩家的得分

增加个记分功能如何？每次小球击中球拍就加分。尝试把分数显示在画布的右上角。你可能需要参考在前面的章节"更多使用 ID 的方法"中介绍的 itemconfig 函数。

第 3 部分

火柴人实例

第 15 章　火柴小人游戏的图形

在写游戏程序（或者说任何程序）之前最好先做个计划。你的计划里应该包含这是什么游戏以及游戏中主要元素和角色等的描述。在你开始编程时，这些描述会帮助你关注于你想要开发的东西。你的游戏最后可能和你原来描述的不一样，这也没有问题。

在这一章里，我们要开发一个好玩的游戏，叫作"火柴小人逃脱"。

15.1　火柴小人游戏计划

下面是对我们新游戏的描述。

1. 秘密特工火柴小人被困在了呆头博士的老巢，你想帮助他从顶层的出口逃出去。

2. 游戏中有一个火柴小人，他可以左右跑动，还可以跳跃。在每个楼层都有平台，他必须跳上去。

3. 游戏的目的是尽快到达出口，否则游戏结束。

根据描述，我们知道我们需要几个图形，包括火柴人的几个图形、平台和门。我们显然需要有代码把他们放在一起，但是在开始之前，我们先要在这一章里把游戏的图形都做好。

我们怎样在游戏里画出这些元素？可以用前一章中创建弹球和球拍一样的方式，但是那样的话对于这个游戏来讲就太简化了。这一次我们要用"图片精灵"。

图片精灵就是游戏中的物体，一般来讲是某种角色。图片精灵通常是"已经渲染好"的，就是说它们是在程序运行前就已经画好了的，而不是像在弹球游戏中那样由程序自己用多边形画出的。火柴人将是一个精灵,平台也是一个精灵。要创建这些图形,你需要安装一个图形程序。

15.2 得到 GIMP

有好几个图片程序可以选择,但对于这个游戏来讲,我们需要一个支持"透明化"(有时称为 alpha 通道)的程序,它可以让图片的一部分在屏幕上是没有颜色的。我们需要有透明部分的图形,因为当我们的一个图形与另一个图形交插或者接近时,我们不想让其中一个的背景盖住另一个图形。例如,在图 15-1 中,背景上的格子图案表示透明的区域。

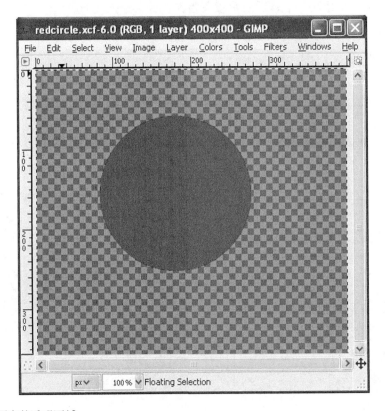

图 15-1 格子图案的透明区域

这样的话,如果我们把整个图形拷贝粘贴到另一个图形上,它的背影不会盖住任何东西,如图 15-2 所示。

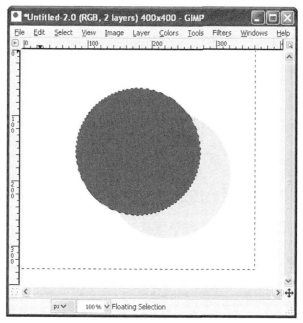

图 15-2　一个图形粘贴到另一个图形上

GIMP（http://www.gimp.org/）是 GNU Image Manipulation Program，GNU 图形操作程序的缩写，它是 Linux、Mac OS X 和 Windows 上支持透明图形的免费图形程序。按如下方式下载和安装。

1.　如果你用的是 Windows，你可以在 GIMP-WIN 项目页面上找到 Windows 安装程序：http://gimp-win .sourceforge.net/stable.html。

2.　如果你用的是 Ubuntu，打开 Ubuntu 软件中心，在搜索框中输入 gimp，在结果中选择 GIMP 图形编辑器的"安装"按钮。

3.　如果你用的是苹果 Mac OS X，在这里下载软件包：http://gimp.lisanet.de/Website/Download.html。

你还要给你的游戏建一个目录。在桌面空白的地方点击右键，选择"新建→文件夹"（在 Ubuntu 上，操作应为"创建新文件夹"，在 Mac OS X 上是"新建文件夹"），在对话框中输入 stickman 作为文件夹的名字。

15.3　创建游戏中的元素

当你把图形程序安装好后，就可以画图了。我们要创建下面这些游戏元素。

1. 一个简笔画小人儿，他可以向左跑、向右跑和跳跃。

2. 平台，有三种不同大小。

3. 门，一个开启，一个关闭。

4. 游戏背景（因为只有简单的白色或者灰色背景的游戏会很无聊）。

在开始画图之前，我们需要从透明背景开始。

15.3.1 准备一个有透明背景的图形

用以下步骤来准备一个透明（或者说有 alpha 通道）的图形，打开 GIMP，然后按以下步骤操作。

1. 选择"文件→新建"。

2. 在对话框中，输入 27 像素作为图形的宽度，30 像素作为高度。

3. 选择"图层→透明→增加 Alpha 通道"。

4. 选择"选择→全部"。

5. 选择"编辑→剪切"。

这样得到的结果应该就是一个画满深浅间隔的灰色格子的图形，如图 15-3 所示（放大以后）。

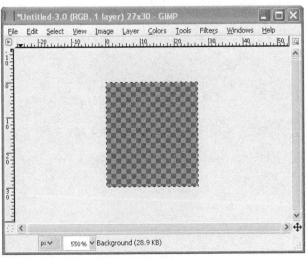

图 15-3 深浅间隔的灰色格子

现在可以创建我们的秘密特工——火柴人了。

15.3.2 画火柴人

现在画我们的第一个火柴人图形，点击在 GIMP 的工具箱里的刷子工具，然后在刷子工具条中选择看上去像一个小点的那个刷子（通常会在屏幕的右下角），如图 15-4 所示。

我们会给火柴人画三个不同的图形（或者说"帧"）来表示他向右跑和跳。我们会用这些帧来制作火柴人的动画，和第 12 章中做的一样。

如果你放大来看这些图形，他们看起来如图 15-5 所示。

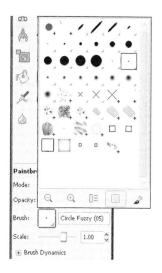

图 15-4　选择刷子工具

图 15-5　火柴人向右跑和跳

你的图形不一定完全一样，不过他们起码要有一个火柴人的三个不同动作。还要记得每一张都是 27 像素宽，30 像素高。

火柴人向右跑

首先，我们要画一连串火柴人向右跑的帧。这样创建第一个图形：

1. 画第一张图形（图 15-5 中最左边的图形）。

2. 选择"文件→另存为"。

3. 在对话框中输入 stick-R1.gif 作为名字。然后点击带有"选择文件类型"标签的加号（+）按钮。

4. 在出现的列表中选择"GIF 图形"。

5. 把文件保存到你之前创建的 stickman 目录中（选择
   "浏览其他目录"来找到正确的路径）。

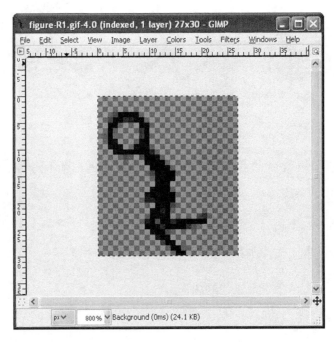

用同样的步骤创建一个新的 27 像素乘 30 像素的图形，然
后画出下一个火柴小人。把它保存为 stick-R2.gif。重复这
个过程来画出最后一个图形，保存为 stick-R3.gif。

火柴人向左跑

我们不用重新画出火柴人向左跑，只要用 GIMP 来把火柴
人向右跑的图形翻转过来。

在 GIMP 中，依次打开每个图形，然后选择"工具→转换工具→水平翻转"。当你选中
图形时，应该会看到它水平翻转了。把这些图形保存为 stick-L1.gif、stick-L2.gif 还有
stick-L3.gif，如图 15-6 所示。

图 15-6   火柴人向左跑

现在我们画了 6 个火柴人的图形，但我们还需要平台的图形和出口的图形。

15.3.3 画平台

我们要画三个不同大小的平台：一个 100 像素宽 10 像素高，一个 60 像素宽 10 像素高，还有一个 30 像素宽 10 像素高。你可以把平台画成任何你喜欢的样子，不过要确保它们的背景是透明的，和火柴人一样。

把三个平台的图形放大来看，如图 15-7 所示。

图 15-7　三个平台

和火柴人的图形一样，把它们保存到 stickman 目录下。把最小的那个平台叫 platform1.gif，中间的那个叫 platform2.gif，最大的那个叫 platform3.gif。

15.3.4 画门

门的大小应该能装得下火柴人（27 像素宽，30 像素高），而且我们需要两个图形：一张关上的门和一张打开的门，如图 15-8 所示（也是放大过的）。

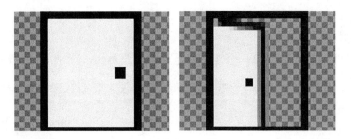

图 15-8 关上的门和打开的门

用如下步骤创建这两个图形。

1. 点击前景色的方块（在 GIMP 工具箱的底部）来打开颜色选择器。选择你想要的门的颜色。我们在图 15-9 中选择了黄色。

2. 选择"倒桶工具"，用选中的颜色填满画面。

3. 把前景色选为黑色。

4. 选择铅笔或者画笔工具（在倒桶工具的右边），然后画出门的黑色轮廓和把手。

5. 把它们保存到 stickman 目录中，起名为 door1.gif 和 door2.gif。

15.3.5 画背景

图 15-9 选择黄色

最后我们要画出的图形是背景。我们要画一个 100 像素宽 100 像素高的图形。它不需要有透明的背景，因为我们要用同一颜色把它填满，而它将成为游戏中所有元素后面的墙纸。

要创建背景，选择"文件→新建"，把图形的大小设置为 100 像素宽 100 像素高。选择一个合适作为坏蛋藏身处的墙纸颜色。我选择的是暗粉色。

你可以用小花、条纹、星星或者任何你认为在游戏中合适的东西来装点你的墙纸。例如，如果你要给墙纸加上星星的话，选择另一种颜色，选择铅笔工具，画出你的第一个星星。然后，用选择工具来选定星星范围的的方格，把它在图形上拷贝粘贴几遍（选择"编辑→拷贝"，然后"编辑→粘贴"）。你可以点住并拖动粘贴上去的图形。图 15-10 所示是一个有几个星星的例子，还有选择工具。

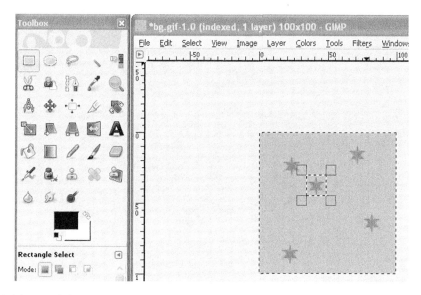

图 15-10　用选择工具选定星星并复制

如果你对你的画已经满意了的话，把它保存为 stickman 目录下的 backgroud.gif。

15.3.6　透明

通过我们创建的这些图形，你会更容易理解为什么这些图形（除了背景以外）需要是透明
的。如果火柴人的背景不是透明的，那么把他放到我们的背景墙纸前是什么样子的呢？就
是如图 15-11 所示的样子。

图 15-11　火柴人的背景不透明

火柴人的白色背景擦掉了一部分墙纸。但如果我们用透明图形的话，就是如图 15-12 所示的样子。

图 15-12　火柴人的背景透明

除了小人本身，背景没有被小人的图形挡住。这才叫专业！

15.4　你学到了什么

在这一章里，你学会了如何为游戏制作一个简单的计划（这里是"火柴人逃生"游戏），以及应该从哪里入手。因为我们要制作游戏的话，就需要图形元素，我们用一个图形软件创建游戏中的基本图形。在这个过程中，你学会了如何把图形的背景做成透明的，这样它们就不会挡住屏幕上的其他图形。

在下一章里，我们要创建游戏中的一些类。

第 16 章　开发火柴人游戏

现在我们已经创建了火柴人逃生游戏的图形，我们可以开发代码了。在前一章对游戏的描述里我们大体了解了所需要的东西：一个能跑能跳的火柴小人，还有一些他能跳上去的平台。

我们需要写代码来显示火柴小人以及让他在屏幕上移动，同时也要画出平台来。但是在写代码之前，我们先要创建画布来显示背景图形。

16.1　创建 Game 类

首先，我们要创建一个叫 Game 的类，它将是我们程序的主控者。Game 类将有一个__init__函数来初始化游戏，还有一个 mainloop（主循环）函数来做动画。

16.1.1　设置窗口标题以及创建画布

在__init__函数的第一部分，我们要设置窗口标题和创建画布。你会看到，这部分代码和前面第 13 章的弹球游戏差不多。打开你的编辑器输入下面的代码，然后保存到文件 stickmangame.py 中。记得把它保存到我们在第 15 章创建的目录里（叫 stickman）。

```
from tkinter import *
import random
import time

class Game:
    def __init__(self):
        self.tk = Tk()
        self.tk.title("Mr. Stick Man Races for the Exit")
        self.tk.resizable(0, 0)
        self.tk.wm_attributes("-topmost", 1)
        self.canvas = Canvas(self.tk, width=500, height=500, \
                highlightthickness=0)
```

```
        self.canvas.pack()
        self.tk.update()
        self.canvas_height = 500
        self.canvas_width = 500
```

在这段程序的前半段（从 from tkinter import *到 self.tk.wm_attributes），我们创建了 tk 对象，然后用 self.tk.title 把窗口标题设置为"火柴人逃生"。我们调用 resizable 函数让窗口的大小固定（不能改变大小），然后用 wm_attributes 函数把窗口移到所有其他窗口之前。

接下来，我们用 self.canvas =Canvas 那一行创建了画布，并调用了画布对象 tk 上的 pack 和 update 函数。最后，我们给 Game 类创建了两个变量 height 和 width，用来保存画布的高和宽。

NOTE 在 self.canvas = Canvas 那一行里的反斜杠（\）只是用来把一行很长的代码拆开。这不是必需的，我把它放在这儿是出于可读性考虑，否则这一行在书页里装不下。

16.1.2 完成__init__函数

现在把__init__函数的剩余部分输入到你刚创建的 stickfiguregame.py 里吧。这些代码会装入背景图形并把它显示在画布上。

```
          self.tk.update()
          self.canvas_height = 500
          self.canvas_width = 500
❶         self.bg = PhotoImage(file="background.gif")
❷         w = self.bg.width()
          h = self.bg.height()
❸         for x in range(0, 5):
❹             for y in range(0, 5):
❺                 self.canvas.create_image(x * w, y * h, \
                          image=self.bg, anchor='nw')
❻         self.sprites = []
          self.running = True
```

在❶处，我们创建了变量 bg，它装载着一个 PhotoImage 对象（我们在第 15 章创建的那个叫 backgroud.gif 的背景图形）。接下来，从❷处开始，我们把图形的高和宽保存到变量 w 和 h 中。PhotoImage 类的函数 width 和 height 分别返回装入的图形的宽和高。

接下来在函数中有两个循环。让我们来理解一下它们是做什么的，想象你有一个方形的小橡皮章、印泥和一大张纸。你怎样才能用你的小印章把整张纸印满带颜色的方块呢？当然你可以随意地在纸上印直到印满。其结果看上去会是乱七八糟的，而且也要印很久才行。你还可以从上到下先印第一列，然后回来下一列的开头再印，就像图 16-1 所示。

我们在前一章创建的背景图形就是我们的印章。我们知道画布是 500 像素宽，500 像素高，我们的背景图形是 100 像素的方块。这就是说要填满屏幕我们需要 5 行 5 列。我们用❸处的循环来计算列，用❹处的循环来计算行。

在❺处，我们把第一个循环变量 x 和图形的宽度相乘（x * w）来得到绘图的水平位置。然后用第二个循环变量 y 乘以图形的高度（y * h）来得到绘图的垂直位置。我们用画布对象上

图 16-1　把整张纸印满方块

的 create_image 函数（self.canvas.create_image）来把图形画在这些坐标上。

最后，从❻处开始，我们创建变量 sprites，它是一个空列表。还有 running，它的值是布尔值 True。我们以后会在游戏代码中用到这些变量。

16.1.3　创建主循环函数

我们要用主循环 Game 类中的 mainloop 函数来做出游戏的动画来。这个函数有点像我们在第 13 章里写的弹球游戏的主循环。下面是它的代码：

```
        for x in range(0, 5):
            for y in range(0, 5):
                self.canvas.create_image(x * w, y * h, \
                    image=self.bg, anchor='nw')
        self.sprites = []
        self.running = True

    def mainloop(self):
❶       while 1:
❷           if self.running == True:
❸               for sprite in self.sprites:
❹                   sprite.move()
❺           self.tk.update_idletasks()
            self.tk.update()
            time.sleep(0.01)
```

在❶处，我们写了一个 while 循环，它会一直运行直到游戏窗口关闭。然后，在❷处，我们判断

变量 running 是否为 True。如果是，在❸处我们循环遍历所有精灵列表（self.sprites）中的精灵，在❹处调用它们的 move 函数。（当然了，我们还没有创建任何精灵，所以如果你现在运行这段代码它不会做任何事，但是以后它会有用处。）

函数中从❺开始的最后三行强行让 tk 对象重绘屏幕并休息百分之一秒，这和第 13 章里的弹球游戏一样。

加上下面这两行代码（注意这两行代码前面没有缩进）并保存，你就可以运行了。

```
g = Game()
g.mainloop()
```

NOTE　一定要把这两行代码加到游戏文件的最后。同时，确保你的图形文件和 Python 文件在同一个目录下。如果你在第 15 章时创建了 stickman 目录并把图形文件保存在那里，Python 文件也应该在那里。

这段代码创建了一个 Game 类的对象并把它保存到变量 g 中。然后调用新对象上的 mainloop 函数开始在屏幕上画图。

保存好程序后，在 IDLE 中选择"运行→运行模块"来运行它。你会看到画布上出现了背景图案，如图 16-2 所示。

图 16-2　画布上的背景图案

我们已经给游戏加上了漂亮的背景，还创建了一个动画循环，它将为我们画出精灵来（不过要等我们把它们创建出来以后）。

16.2 创建坐标类

现在我们要创建一个用来指定物体在游戏屏幕上位置的类。这个类会保存游戏中某一物体的左上角（x1 和 y1）以及右下角（x2 和 y2）的坐标。

图 16-3 所示能帮助你理解这些坐标是什么。

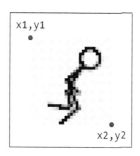

图 16-3　物体左上角和右下角的坐标

我们给这个新的类起名为 Coords，它只有一个 __init__ 函数，有 4 个参数（x1、y1、x2 和 y2）。下面是要添加的代码（把它加到 stickmangame.py 文件的开头）：

```
class Coords:
    def __init__(self, x1=0, y1=0, x2=0, y2=0):
        self.x1 = x1
        self.y1 = y1
        self.x2 = x2
        self.y2 = y2
```

请注意每个参数都被保存为一个同名的对象变量（x1、y1、x2 和 y2）。我们稍后会使用这个类的对象。

16.3 冲突检测

当我们知道如何保存游戏中精灵的位置后，我们需要判断一个精灵是否与另一个精灵的位置冲突，比方说火柴人在屏幕上跳来跳去时是否撞到了平台上。为了让问题简化一些，我们可以把它拆成两个小一点的问题：检测两个精灵是否在垂直方向上冲突和检测精灵是否在水平位置上冲突。然后我们可以把两个小解决方案合在一起，很容易地看出两个精灵是否在每个方向上都冲突！

16.3.1　精灵在水平方向上冲突

首先，我们会创建 within_x 函数来判断一组 x 坐标（x1 和 x2）是否与另一组 x 坐标交叉。有多种方法可以解决这个问题，下面是一个简单的方式，你可以把它加在 Coords 类的后面：

```
class Coords:
    def __init__(self, x1=0, y1=0, x2=0, y2=0):
        self.x1 = x1
        self.y1 = y1
        self.x2 = x2
        self.y2 = y2

def within_x(co1, co2):
❶   if co1.x1 > co2.x1 and co1.x1 < co2.x2:
❷       return True
❸   elif co1.x2 > co2.x1 and co1.x2 < co2.x2:
❹       return True
❺   elif co2.x1 > co1.x1 and co2.x1 < co1.x2:
        return True
❻   elif co2.x2 > co1.x1 and co2.x2 < co1.x1:
        return True
❼   else:
❽       return False
```

within_x 函数的参数是 co1 和 co2，都是 Coords 类的对象。在❶处，我们判断第一个坐标对象的最左边（co1.x1）是否在第二个坐标对象的最左边（co2.x1）和最右边（co2.x2）之间。如果是的话在❷处返回 True。

让我们来看看两条 x 坐标上有重复部分的直线是什么样子的，它能帮助我们理解这个问题。每条线从 x1 开始到 x2 结束，如图 16-4 所示。

图 16-4 中第一条线（co1）从像素位置 50（x1）开始，到 100（x2）结束。第二条线（co2）

从位置 40 开始到 150 结束。在这种情况下，因为第一条线的位置 x1 在第二条线的 x1 和 x2 之间，那么我们函数中的第一个 if 语句对于这两组坐标来讲就为真。

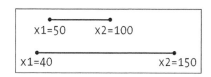

图 16-4　在 X 坐标上有重复部分的直线

在❸处的 elif 中，我们看看第一条线的最右位置（co1.x2）是否在第二条线的最左（co2.x1）和最右（co2.x2）之间。如果是，我们在❹处返回真。在❺和❻两处的 elif 语句做同样的事情，它们判断第二条线（co2）的最左和最右是否在第一个中间。

如果以上 if 语句都不成立，我们就来到了❼处的 else 语句，并在❽处返回 False。它的意思就是：不，这两个坐标对象在水平位置上没有交叉。

回头看看前面第一条线和第二条线的示意图，让我们找个例子来试试这个函数是否好用。第一个坐标对象的 x1 和 x2 位置分别是 40 和 100，第二个坐标对象的 x1 和 x2 分别是 50 和 150。当我们调用 within_x 函数时结果是这样的：

```
>>> c1 = Coords(40, 40, 100, 100)
>>> c2 = Coords(50, 50, 150, 150)
>>> print(within_x(c1, c2))
True
```

函数返回了 True。这是判断一个精灵是否撞到了另一个精灵的第一步。例如，当我们创建了火柴人的类和平台的类，我们就能够判断它们在 x 坐标上是否有交叉。

写很多 if 或者 elif 语句但是都返回相同的值，这并不是好的编程方法。要解决这个问题，我们可以用括号把 within 函数中的条件括起来，用 or 关键字来连接它们，这样可以让函数变得短一些。如果你想让函数更整洁、行数更少，你可以把函数改成这样：

```
def within_x(co1, co2):
    if (co1.x1 > co2.x1 and co1.x1 < co2.x2) \
            or (co1.x2 > co2.x1 and co1.x2 < co2.x2) \
            or (co2.x1 > co1.x1 and co2.x1 < co1.x2) \
            or (co2.x2 > co1.x1 and co2.x2 < co1.x1):
        return True
    else:
        return False
```

我用反斜杠（\）把 if 语句分成多行，否则这一行包含所有条件的代码就太长了。

16.3.2 精灵在垂直方向上冲突

我们也需要知道精灵是否在纵向冲突。within_y 函数和 winthin_x 函数相似。我们判断第一个坐标的 y1 的位置是否在第二个位置的 y1 和 y2 之间，反之亦然。下面给出了这个函数（把它放在 within_x 函数的后面），这次我们直接写出较短版本的代码（而不是很多 if 语句）：

```
def within_y(co1, co2):
    if (co1.y1 > co2.y1 and co1.y1 < co2.y2) \
            or (co1.y2 > co2.y1 and co1.y2 < co2.y2) \
            or (co2.y1 > co1.y1 and co2.y1 < co1.y2) \
            or (co2.y2 > co1.y1 and co2.y2 < co1.y1):
        return True
    else:
        return False
```

16.3.3 把它们放在一起：最终的冲突检测代码

现在我们可以判断一组 x 坐标是否有重叠，还有 y 坐标是否有重叠，那么就可以写一个函数来判断一个精灵是否与另一个相撞，以及是哪一侧相撞。我们可以用函数 collided_left（左侧相撞）、collided_right（右侧相撞）、collided_top（顶部相撞）和 collided_bottom（底部相撞）。

collided_left 函数

下面是 collided_left 函数，你可以把它加在两个 within 函数的后面：

```
❶ def collided_left(co1, co2):
❷     if within_y(co1, co2):
❸         if co1.x1 <= co2.x2 and co1.x1 >= co2.x1:
❹             return True
❺     return False
```

这个函数告诉我们第一个坐标对象的左侧（x1 的值）是否撞到了另一个坐标对象。

如第❶行所示，这个函数有两个参数：co1（第一个坐标对象）和 co2（第二个坐标对象）。在第❷行我们用 within_y 函数来判断两个坐标在纵向是否有重叠。因为如果火柴小人在远离平台的上方时没必要去判断它们是否相撞，如图 16-5 所示。

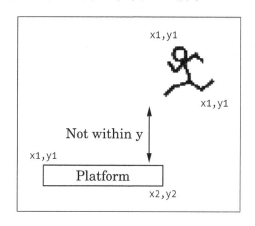

图 16-5 纵向未重叠

在第❸行，我们判断第一个坐标对象（co1.x1）的最左侧是否撞到了第二个坐标对象(co2.x2)的 x2 位置，也就是是否小于等于 x2 位置。我们还可以判断它是否超出了 x1 位置。如果它撞到了边上，我们在❹处返回 True。如果这些 if 语句都不为真，我们在❺返回 False。

collided_right 函数

collided_right 函数和 collided_left 看起来差不多：

```
    def collided_right(co1, co2):
❶       if within_y(co1, co2):
❷           if co1.x2 >= co2.x1 and co1.x2 <= co2.x2:
❸               return True
❹       return False
```

和 collided_left 一样，我们在❶处用 within_y 函数来判断 y 坐标是否重叠。然后在❷处判断 x2 的值是否在第二个坐标对象的 x1 和 x2 之间，是的话在❸处返回 True，否则在❹处返回 False。

collided_top 函数

collided_top 函数和前面的两个函数差不多。

```
    def collided_top(co1, co2):
❶       if within_x(co1, co2):
❷           if co1.y1 <= co2.y2 and co1.y1 >= co2.y1:
                return True
        return False
```

这次的不同点在于，我们在❶处用 within_x 函数来判断坐标是否在水平方向有重叠。接下来，我们在❷处判断第一个坐标的顶部位置（co1.y1）是否与第二个坐标的 y2 位置重叠，而不是 y1 的位置。如果是，我们返回 True（意味着第一个坐标的顶部撞到了第二个坐标。）

collided_bottom 函数

你想必已经想到这四个函数中的其中一个会难一点。下面是 collided_bottom 函数：

```
    def collided_bottom(y, co1, co2):
❶       if within_x(co1, co2):
❷           y_calc = co1.y2 + y
❸           if y_calc >= co2.y1 and y_calc <= co2.y2:
❹               return True
❺       return False
```

这个函数多了一个参数 y，它是给第一个坐标的 y 方向位置增加的值。在❶处，我们判断两个坐标是否在水平方向上有重叠（这和 collided_top 一样）。接下来，在❷处我们把参数 y 加上第一个坐标的 y2 位置，并把结果保存在 y_calc 中。如果在❸处这个新计算出来的值在第二个坐标的 y1 和 y2 之间的话，则在❹处返回 True，因为坐标 co1 的底部撞上了 co2 的顶部。然而，如果这些 if 语句都不为真的话，我们在❺处返回 False。

我们之所以需要这个额外的参数 y，是因为火柴人可能会从平台上掉下来。与其他的 collided 碰撞函数不同，我们要能够判断他是否会掉到底，而不是他是否已经掉到底了。如果他从一个平台上走下来后一直停在半空中的话，我们的游戏就太不真实了。所以，在他走路时，我们检查他的左右两侧是否撞上了什么东西。然而，当我们检查他的下面时，我们要判断他是否会撞上平台。如果不会，那他就要摔死了！

16.4 创建精灵类

我们把游戏中精灵的父类叫做 Sprite。这个类会提供两个函数：move 用来移动精灵，还有 coords 来返回精灵当前在屏幕上的位置。下面是 Sprite 类的代码。

```
    class Sprite:
❶       def __init__(self, game):
❷           self.game = game
❸           self.endgame = False
❹           self.coordinates = None
❺       def move(self):
❻           pass
❼       def coords(self):
❽           return self.coordinates
```

Sprite 类中在❶处定义的的__init__函数只有一个参数 game。这个参数将是游戏 game 的对象。我们加上这个参数是想让我们创建的每个精灵都能访问游戏中其他精灵的列表。我们在❷处把 game 参数保存在一个对象变量中。

在❸处我们设置对象变量 endgame，我们会用它来表示游戏是否已经结束（在此时此刻，它是 False）。在❹处的最后一个对象变量 coordinates 被设置为空值（None）。

在❺处定义的 move 函数在父类里什么也不做，所以我们在❻处函数体中只用了 pass 关键字。在❼处的 coords 函数只是在❽处返回对象变量 coordinates 的值。

因此我们的 Sprite 类有一个 move 函数，它什么也不做；还有一个 coords 函数，它也不会返回任何坐标。这听起来都没什么用处，不是吗？然而我们知道，任何以 Sprite 为父类的类都会有 move 和 coords 函数。所以，在游戏的主循环中，当我们依次访问一个精灵的列表时，我们可以调用它们的 move 函数，而且不会产生任何错误。为什么呢？因为每个精灵都有这个函数。

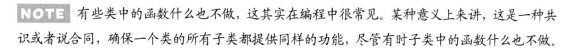

NOTE 有些类中的函数什么也不做，这其实在编程中很常见。某种意义上来讲，这是一种共识或者说合同，确保一个类的所有子类都提供同样的功能，尽管有时子类中的函数什么也不做。

16.5 添加平台类

现在我们要做平台了。我们把平台对象的类叫做 PlatformSprite，它是 Sprite 类的子类。其中的__init__函数有一个 game 做参数（和父类 Sprite 一样），还有一个图形，以及 x 和 y 坐标，外加图形的宽度和高度。下面是 PlatformSprite 类的代码：

```
❶ class PlatformSprite(Sprite):
❷     def __init__(self, game, photo_image, x, y, width, height):
❸         Sprite.__init__(self, game)
❹         self.photo_image = photo_image
❺         self.image = game.canvas.create_image(x, y, \
                   image=self.photo_image, anchor='nw')
❻         self.coordinates = Coords(x, y, x + width, y + height)
```

当我们在❶处定义 PlatformSprite 类时，我们给它的唯一的参数是它的父类（Sprite）。行❷的 __init__ 函数有 7 个参数，分别为 self、game、photo_image、x、y、width 和 height。

在行❸，我们调用父类 Sprite 的 __init__ 函数，用 self 和 game 作为参数的值，因为除了 self 关键字[1]以外，Sprite 类的 __init__ 函数只有一个参数 game。

此时此刻，如果我们创建一个 PlatformSprite 对象的话，它会有父类中的所有对象变量（game、endgame 和 coordinates），这些就是因为我们调用了 Sprite 中的 __init__ 函数。

在行❹，我们把 photo_image 参数保存到对象变量中，并且在行❺我们用 game 对象中的 canvas 变量上的 create_image 来在屏幕上画出图形来。

最后，在行❻我们创建一个 Coords 对象，把参数 x 和 y 作为它的前两个参数。然后在行❼我们把后面两个参数加上 width 和 height 参数。

尽管 coordinates 变量在父类 Sprite 中被设置为 None，我们在 PlatformSprite 子类中把它变成了一个真正的 Coords 对象，它的值是平台图形在屏幕上的真实位置。

16.5.1　加入平台对象

让我们给游戏加入一个平台对象来看看它是什么样子的。把游戏文件（stickmangame.py）的最后两行改成这样：

```
❶ g = Game()
❷ platform1 = PlatformSprite(g, PhotoImage(file="platform1.gif"), \
      0, 480, 100, 10)
❸ g.sprites.append(platform1)
❹ g.mainloop()
```

---

[1] 译者注：self 不是 Python 的关键字

你可以看到，行❶和行❹没有变化，但是在行❷我们创建了一个 PlatformSprite 类的对象，把代表我们游戏的变量（g）传给它，还有一个 PhotoImage 对象（它使用了我们的第一个平台图形 platform1.gif）。我们还给它传入了我们想让平台出现的位置（横向为 0 像素，纵向为 480 像素，接近画布的底部），还有图形的高和宽（100 像素宽，10 像素高）。我们在行❸把它加入到游戏 game 对象中的精灵列表里。

如果你现在运行游戏，你应该会看到在屏幕的左下角画着一个平台，如图 16-6 所示。

图 16-6　加入平台

16.5.2　添加很多平台

让我们来加入更多的平台吧。每个平台的 x 和 y 位置都不一样，这样它们就会分布在屏幕上不同的位置。下面是我们用到的代码：

```
g = Game()
platform1 = PlatformSprite(g, PhotoImage(file="platform1.gif"), \
    0, 480, 100, 10)
platform2 = PlatformSprite(g, PhotoImage(file="platform1.gif"), \
    150, 440, 100, 10)
platform3 = PlatformSprite(g, PhotoImage(file="platform1.gif"), \
    300, 400, 100, 10)
platform4 = PlatformSprite(g, PhotoImage(file="platform1.gif"), \
    300, 160, 100, 10)
```

```
platform5 = PlatformSprite(g, PhotoImage(file="platform2.gif"), \
    175, 350, 66, 10)
platform6 = PlatformSprite(g, PhotoImage(file="platform2.gif"), \
    50, 300, 66, 10)
platform7 = PlatformSprite(g, PhotoImage(file="platform2.gif"), \
    170, 120, 66, 10)
platform8 = PlatformSprite(g, PhotoImage(file="platform2.gif"), \
    45, 60, 66, 10)
platform9 = PlatformSprite(g, PhotoImage(file="platform3.gif"), \
    170, 250, 32, 10)
platform10 = PlatformSprite(g, PhotoImage(file="platform3.gif"), \
    230, 200, 32, 10)
g.sprites.append(platform1)
g.sprites.append(platform2)
g.sprites.append(platform3)
g.sprites.append(platform4)
g.sprites.append(platform5)
g.sprites.append(platform6)
g.sprites.append(platform7)
g.sprites.append(platform8)
g.sprites.append(platform9)
g.sprites.append(platform10)
g.mainloop()
```

我们创建了很多 PlatformSprite 对象，把它们保存到 platform1、platform2、platform3 等直到
platform10 这些变量中。然后把每个平台都加入到 sprites 变量中，sprites 变量是在 Game 类
中创建的。如果你现在运行游戏的话，它看起来如图 16-7 所示。

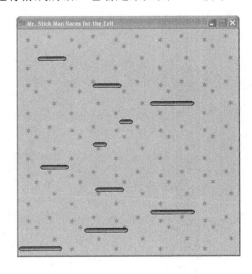

图 16-7　加入更多平台

我们已经打好了游戏的基础！现在，我们可以加入游戏的主角，火柴人了。

16.6 你学到了什么

在这一章中，你创建了 Game 类，并把背景图形像墙纸一样画出来。你学会了如何用函数 within_x 和 within_y 来判断一个水平或者垂直位置是否在另两个水平或垂直位置之间。然后你运用这两个函数来创建一个新函数，判断一个坐标对象是否与另一个相撞。在下一章当我们让火柴人动起来时需要检测他在画布上四处活动时是否撞到了平台。

我们还创建了一个父类 Sprite，还有它的第一个子类 PlatformSprite，我们用它来把平台画到画布上。

16.7 编程小测验

下面的这些代码题目要用到不同的操作游戏背景的方法。答案可以在网站 http://python-for-kids.com/上找到。

#1：格子图

试着修改 Game 类，把背景画成格子的图案，如图 16-8 所示。

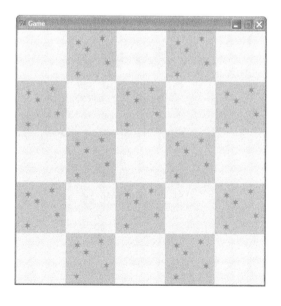

图 16-8 格子图案的背景

#2：由两种图形构成的格子图

当你弄明白如何画出格子图的效果后，试试用两个图形交替。再做一个墙纸图形出来（使用图形程序），然后修改 Game 类让它用两个图形交替画出格子图案，而不是只画一种图形和空白的背景。

#3：书架与灯

你可以创建不同的墙纸图形来让游戏的背景看上去更有趣些。复制一个背景图形，然后在上面画一个简单的书架。或者你可以画一个桌子，上面有灯或者窗子。然后修改 Game 类把它们点缀在屏幕上，让它装入（并显示）三四个不同的墙纸图形。

第 17 章　创建火柴人

在这一章里，我们要创建火柴人逃脱游戏的主角，我们的火柴小人。这会用到目前为止对我们来讲最复杂的代码，因为火柴人要左右跑动、跳跃，在撞到平台时要停止，在跑出平台边缘时还会跌落。我们要用左右键的事件绑定来让火柴人左右跑动，在玩家按下空格键时我们还要让他跳起来。

17.1　初始化火柴人

我们新的火柴人类的__init__函数和目前为止我们的其他类的同一函数很相似。我们给这个新类起的名字叫 StickFigureSprite。和前一个类一样，这个类的父类也是 Sprite。

```
class StickFigureSprite(Sprite):
    def __init__(self, game):
        Sprite.__init__(self, game)
```

这段代码和我们在第 16 章为 PlatformSprite 类写的差不多，只是这里没有任何额外的参数（除了 self 和 game）。这是因为，和 PlatformSprite 类不同，在游戏中只用到一个 StickFigureSprite 对象。

17.1.1　装入火柴人图形

因为在屏幕上有很多平台对象，每一个可能用的图形大小都不一样，我们把平台的图形作为 PlaformSprite 类的__init__函数的参数（意为：平台精灵，请你在屏幕上绘图时使用这个图形）。但是因为在屏幕上只有一个火柴人，从外面向精灵传入图形就没有意义了。StickFilgureSprite 类自己会知道如何装入自己的图形。

接下来几行的__init__函数只做几件事：把向左跑的三个图形和向右跑的三个图形分别装入。

我们现在就要装入他们，因为我们不想每次在屏幕上显示火柴人时都重新装入（这样做太浪费时间，会让我们的游戏运行得很慢）。

```
class StickFigureSprite(Sprite):
    def __init__(self, game):
        Sprite.__init__(self, game)
❶      self.images_left = [
            PhotoImage(file="figure-L1.gif"),
            PhotoImage(file="figure-L2.gif"),
            PhotoImage(file="figure-L3.gif")
        ]
❷      self.images_right = [
            PhotoImage(file="figure-R1.gif"),
            PhotoImage(file="figure-R2.gif"),
            PhotoImage(file="figure-R3.gif")
        ]
❸      self.image = game.canvas.create_image(200, 470, \
                image=self.images_left[0], anchor='nw')
```

这段代码把用来做向左跑动画的三个图形和向右跑动画的三个图形分别装入。在行❶和❷，我们创建了对象变量 images_left 和 images_right。每个都包含一个我们在第 15 章创建的 PhotoImage 对象的列表，它们是用来显示向左和向右的火柴人的。我们在行❸用 create_image 函数在位置(200, 470)画出第一个图形 images_left[0]，它把火柴人放在游戏屏幕的中间，画布的底部。create_image 函数返回在画布画出的图形的 ID。我们把这个 ID 保存在对象变量 image 中，留着以后用。

17.1.2　设置变量

__init__ 函数接下来的部分设置了更多以后代码中会用到的变量。

```
        self.images_right = [
            PhotoImage(file="figure-R1.gif"),
            PhotoImage(file="figure-R2.gif"),
            PhotoImage(file="figure-R3.gif")
        ]
        self.image = game.canvas.create_image(200, 470, \
            image=self.images_left[0], anchor='nw')
❶      self.x = -2
❷      self.y = 0
❸      self.current_image = 0
```

```
❹          self.current_image_add = 1
❺          self.jump_count = 0
❻          self.last_time = time.time()
❼          self.coordinates = Coords()
```

在行❶和❷处，对象变量 x 和 y 是火柴人在运动时的水平位置（x1 和 x2）或者垂直位置(y1 和 y2)每次增加的量。

如你在第 13 章中所学到的，为了用 tkinter 模块来做动画，我们增加对象的 x 或 y 坐标来让他在画布上移动。通过把 x 设置为-2，把 y 设置为 0，我们以后会对 x 坐标减去 2，对于纵坐标没有变量，这样火柴人就会向左跑。

> **NOTE** 负的 x 值代表在画布上向左跑，正的 x 值代表向右。负的 y 值代表向上移动，正的 y 值代表向下移动。

在❸处，我们创建了对象变量 current_image 来保存当前显示在屏幕上的图形的索引位置。我们面向左边的图形列表 images_left 中包含 stick-L1.gif、stick-L2.gif 和 stick-L3.gif。它们的索引位置分别是 0、1 和 2。

在❹处，变量 current_image_add 中将包含一个数字，我们用它加到 current_image 变量中保存的索引位置上来得到下一个索引位置。例如，如果现在正在显示的是索引位置为 0 的图形，我们加 1 来得到下一个索引 1，然后再加 1 得到列表中最后一个索引位置 2（你将在下一章见到我们如何用它来做出动画来）。

在❺处的变量jump_count 是一个计数器，我们在火柴人跳跃时将用到它。在❻处变量 last_time 将记录上一次我们移动火柴人的时间。我们用 time 模块的 time 函数获得当前时间。

在❼处，我们把对象变量 coordinates 设置为 Coords 类的对象，但是没有给出初始参数（x1、y1、x2 和 y2 都是 0）。和平台不同的是，火柴人的坐标会改变，因此我们将在以后设置这些值。

17.1.3　与键盘按键绑定

在 __init__ 函数的最后部分，bind 函数把按键与我们代码中按键后需要运行的部分绑定。

```
self.jump_count = 0
self.last_time = time.time()
self.coordinates = Coords()
```

```
game.canvas.bind_all('<KeyPress-Left>', self.turn_left)
game.canvas.bind_all('<KeyPress-Right>', self.turn_right)
game.canvas.bind_all('<space>', self.jump)
```

我们把<KeyPress-Left>绑定到函数 turn_left,<KeyPress-Right>绑定到函数 turn_right,<space>（空格键）绑定到函数 jump（跳跃）。现在我们需要创建这些函数来让火柴人移动。

17.2　让火柴人向左转和向右转

向左转和向右转函数要确保火柴人没有在跳跃中，然后设置对象变量 x 的值来让他向左或向右移动。（如果主角正在跳跃中，我们的游戏不允许他在半空中改变方向。）

```
          game.canvas.bind_all('<KeyPress-Left>', self.turn_left)
          game.canvas.bind_all('<KeyPress-Right>', self.turn_right)
          game.canvas.bind_all('<space>', self.jump)

❶        def turn_left(self, evt):
❷            if self.y == 0:
❸                self.x = -2

❹        def turn_right(self, evt):
❺            if self.y == 0:
❻                self.x = 2
```

当玩家按下左方向键时 Python 会调用函数 turn_left，并传入一个带有玩家动作信息的对象作为参数。这个对象叫做事件对象（event object），我们给这个参数起的名字叫 evt。

NOTE　事件对象对于达到我们的目的来讲并不重要，但是我们的函数中还是需要有这个参数（在❶和❹），否则的话我们会收到出错信息，因为 Python 认为它应该在那里。事件对象包含如鼠标的 x 和 y 坐标信息（对于鼠标事件），一个标识按键的编码（对于键盘事件），以及其他信息。对于这个游戏，这些信息都不重要，我们完全可以忽略它。

要判断火柴人是否在跳跃，我们在❷处和❺处检查对象变量 y 的值。如果值不是 0 就说明火柴人在跳跃。在这个例子中，如果 y 的值是 0，我们把 x 设置为-2 来向左跑（❸处）或设置为 2 来向右跑（❻处），因为设置为-1 或者 1 的话，火柴人在屏幕上移动得不够快。（当你把火柴人的动画做好后，可以尝试不同的值来看看效果。）

17.3 让火柴人跳跃

jump 函数和 turn_left 及 turn_right 函数很像。

```
      def turn_right(self, evt):
          if self.y == 0:
              self.x = 2

      def jump(self, evt):
❶         if self.y == 0:
❷             self.y = -4
❸             self.jump_count = 0
```

这个函数有一个参数 evt（事件对象），我们可以忽略它，因为我们用不到事件中的任何信息。如果这个函数被调用，我们知道这一定是因为空格键被按下了。

因为我们只想在火柴人没有跳跃的时候才让他起跳，所以在❶处我们判断 y 是否等于 0。如果火柴人没有在跳跃中，在❷处我们把 y 设置为 -4（让他在屏幕上垂直向上），并且在❸处把 jump_count 设置为 0。我们会用 jump_count 来确保火柴人不会一直向上跳跃。相反，我们只让他跳跃一定的数量然后让他再落下来，就像重力的作用一样。我们会在下一章再加上这些代码。

17.4 我们都做了什么

让我们回顾一下到目前为止游戏中的类和函数的定义，以及它们在文件中出现的位置。

在你的程序顶部，是 import 语句，后面跟着 Game 和 Coords 类。Game 类将被用来创建成一个游戏的主控对象，Coords 类的对象用来表示游戏中物体的位置（如平台和火柴人）：

```
from tkinter import *
import random
import time

class Game:
    ...
class Coords:
    ...
```

接下来是 within 函数（它告诉我们一个精灵的位置是否"包含在"另一个精灵中），父类 Sprite
（它是游戏中所有精灵的父类），PlatformSprite 类，还有 StickFirgureSprite 类的开始部分。
PlatformSprite 用来创建平台对象，火柴人会在上面跳跃，我们还会创建一个 StickFigureSprite
类的对象，用它来代表游戏中的主角：

```
def within_x(co1, co2):
    ...
def within_y(co1, co2):
    ...
class Sprite:
    ...
class PlatformSprite(Sprite):
    ...
class StickFigureSprite(Sprite):
    ...
```

最后，在程序的结尾，代码会创建出目前为止游戏中的所有对象：game 对象自身以及平台。
在最后一行我们调用 mainloop 函数。

```
g = Game()
platform1 = PlatformSprite(g, PhotoImage(file="platform1.gif"), \
    0, 480, 100, 10)
...
g.sprites.append(platform1)
...
g.mainloop()
```

如果你的代码和我的不一样，或者你遇到了麻烦，你可以直接跳到第 18 章的结尾，那里有
整个游戏的全部代码。

17.5　你学到了什么

在这一章里，我们开始写火柴人的类。与此同时，如果我们创建这个类的对象，它除了装入做火
柴人动画所需的图形以及设置几个留待后用的对象变量之外不会做任何其他的事情。这个类中包
含了几个根据键盘事件来改变对象变量的值的函数（当玩家按下向左或向右键，或者空格键时）。

在下一章里，我们将完成这个游戏。我们会写出 StickFigureSprite 类的函数来显示并让火柴
人动起来，让他在屏幕上移动。我们还会加上火柴人需要达到的出口（那扇门）。

第 18 章　完成火柴人逃生游戏

在前面 3 章里，我们一直在开发游戏《火柴人逃生》。我们创建了图形，然后写出了背景、平台和火柴人的代码。在这一章里，我们会补上缺失的部分，让火柴人动起来，并加上门。

在本章的最后你可以找到游戏的完整代码。如果你在写某部分代码时搞不清楚或者有困惑的话，把你的代码和后面的代码比较一下，也许你就能找出是哪里不对了。

18.1　让火柴人动起来

到目前为止，我们已经创建了火柴人的基础部分，装入将用到的图形，把某些按键绑定到函数。但如果你这时运行游戏的话这些代码都不会做任何有趣的事。

现在我们会给在第 17 章创建的 StickFigureSprite 类加上剩下的函数：animate、move 和 coords。animate 函数会画出不同的火柴人图形，move 会决定人物向哪里移动，coords 会返回火柴人现在的位置。（与平台精灵不同，因为火柴人会在屏幕上移动，我们需要重新计算他的位置。）

18.1.1　创建动画函数

首先，我们要加入 animate 函数，用它来判断移动方式并相应地改变图形。

判断移动方式

我们不想在动画中太快地改变火柴人的图形，否则看上去不真实。想象画在笔记本一角的翻页动画，如果翻得太快，也许就看不全你画出的全部效果了。

animate 函数的前半段判断火柴人是在向左跑还是向右跑，然后用变量 last_time 来决定是否要改变当前的图形。这个变量将帮助我们控制动画的速度。把这个函数放在第 17 章中创建的 StickFigureSprite 类的 jump 函数的后面：

```
        def jump(self, evt):
            if self.y == 0:
                self.y = -4
                self.jump_count = 0

        def animate(self):
❶          if self.x != 0 and self.y == 0:
❷              if time.time() - self.last_time > 0.1:
❸                  self.last_time = time.time()
❹                  self.current_image += self.current_image_add
❺                  if self.current_image >= 2:
❻                      self.current_image_add = -1
❼                  if self.current_image <= 0:
❽                      self.current_image_add = 1
```

在❶处的 if 语句中，我们检查 x 是不是不等于 0，来判断火柴人是否在移动（可能向左也可能向右），然后我们检查 y 是否为 0，来判断火柴人是否没有在跳跃。如果 if 语句为真，我们就需要做火柴人的动画，否则他只是站在原地，就不用再画了。如果火柴人没有移动，我们就退出函数，忽略后面的代码。

在❷处，我们计算 animate 函数自上次调用以来的时间，用当前时间 time.time()减去变量 last_time 的值。这个计算用于判断是否要画序列中的下一个图形，如果其结果大于十分之一秒（0.1），我们在❸处的代码块继续。我们把变量 last_time 设置为当前时间，这等同于按下秒表重新计时，为下次图形的改变做准备。

在❹处，我们把对象变量 current_image_add 的值加到变量 current_image 上，后者保存着当前显示的图形的索引位置。还记得吗？我们在第 17 章中在火柴人的__init__函数中创建了 current_image_add 变量，所以当 animate 函数第一次被调用时，这个变量的值已经被设置为 1 了。

在❺处，我们判断这个 current_image 中的索引位置的值是否大于或等于 2，如果是，我们在❻处把 current_image_add 的值改为-1。这个过程和❼处的差不多，一旦到达 0 后我们要在❽处再向上计数。

NOTE 如果你弄不明白如何缩进这段代码，我有个提示：在❶处的前面有 8 个空格，在
❸处的前面有 20 个空格。

为了帮你理解到目前为止函数都做了什么，想象一下在地板上有一排有颜色的积木。你把手指从
一块积木移向另一块积木，你手指指向的每块积木都有一个数字（即 current_image 变量）。你手
指每次移动过的积木个数（每次指向一块积木）就是 current_image_add 中保存的值。当你的手指
一直向上数积木时，你每次都加1，当遇到最后一块并向回数时，你每次减1（也就是加上-1）。

我们给 animate 函数所加的代码就是做这样的事情，只不过不是用有颜色的积木，而是用三
个火柴人在各方向上的图形列表。这个图形的索引位置可以是 0、1 和 2。在我们为火柴人
做动画时，当我们到达了最后一个图形，我们就开始向下数。当我们到达了第一个图形，我
们就开始再向上数。其结果是，我们创造出了一个跑动人物的效果。

图 18-1 展示了我们在 animate 函数中如何用计算出的索引位置画出列表中的图形来移动。

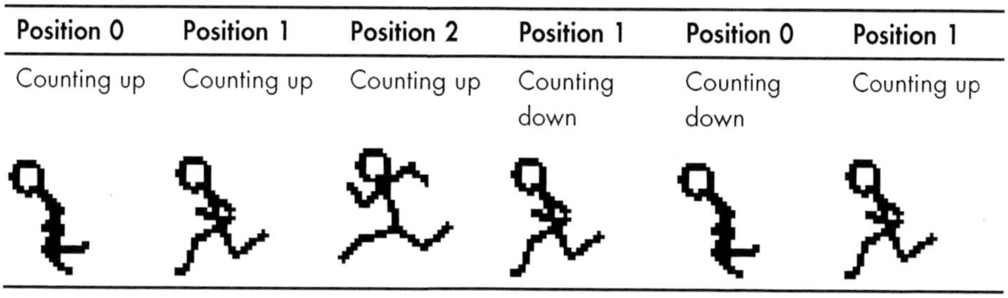

Position 0	Position 1	Position 2	Position 1	Position 0	Position 1
Counting up	Counting up	Counting up	Counting down	Counting down	Counting up

图 18-1　图形的移动效果

在 animate 函数的后半部分，我们用计算出的索引位置来改变当前显示的图形。

```
        def animate(self):
            if self.x != 0 and self.y == 0:
                if time.time() - self.last_time > 0.1:
                    self.last_time= time.time()
                    self.current_image += self.current_image_add
                    if self.current_image >= 2:
                        self.current_image_add = -1
                    if self.current_image <= 0:
                        self.current_image_add = 1
❶           if self.x < 0:
❷               if self.y != 0:
❸                   self.game.canvas.itemconfig(self.image, \
```

```
                         image=self.images_left[2])
❹          else:
❺              self.game.canvas.itemconfig(self.image, \
                         image=self.images_left[self.current_image])
❻      elif self.x > 0:
❼          if self.y != 0:
❽              self.game.canvas.itemconfig(self.image, \
                         image=self.images_right[2])
❾          else:
❿              self.game.canvas.itemconfig(self.image, \
                         image=self.images_right[self.current_image])
```

在❶处，如果 x 小于 0，火柴人向左移动，Python 运行到❷处到❺处的代码中，在那里判断 y 是否不等于 0（意味着火柴人在跳跃）。如果 y 不等于 0（火柴人在向上或向下移动，也就是说他在跳跃），我们在❹处用画布的 itemconfig 函数把显示的图形改成向左的图形列表中的最后一张（images_left[2]）。因为火柴人在跳跃，我们要用这张迈开大步的图形来让动画看上去更真实。如图 18-2 所示。

图 18-2 火柴人在跳跃

如果火柴人没有在跳跃（也就是说 y 等于 0），从❹处开始的 else 语句块在❺处用 itemconfig 把显示的图形换成 current_image 中保存的索引位置的图形。

在❻处，我们判断火柴人是否在向右跑（x 大于 0），然后 Python 运行到❼处到❿处的语句。这段代码和前面的很像，也是判断火柴人是否在跳跃，如果是的话就画出正确的图形，否则就使用 images_right 列表。

18.1.2　得到火柴人的位置

因为我们需要判断火柴人在屏幕的什么位置（因为他在屏幕上移动），coords 函数与其他的

Sprite 类的函数不同。我们要用画布的 coords 函数来判断火柴人在哪里，然后，用这些值来设置 coordinates 变量中 x1、y1 和 x2、y2 的值。我们在第 17 章的开头就创建了这个变量。下面是这段代码，可以把它加在 animate 函数的后面：

```
                if self.x < 0:
                    if self.y != 0:
                        self.game.canvas.itemconfig(self.image, \
                                image=self.images_left[2])
                    else:
                        self.game.canvas.itemconfig(self.image, \
                                image=self.images_left[self.current_image])
                elif self.x > 0:
                    if self.y != 0:
                        self.game.canvas.itemconfig(self.image, \
                                image=self.images_right[2])
                    else:
                        self.game.canvas.itemconfig(self.image, \
                                image=self.images_right[self.current_image])

            def coords(self):
❶               xy = self.game.canvas.coords(self.image)
❷               self.coordinates.x1 = xy[0]
❸               self.coordinates.y1 = xy[1]
❹               self.coordinates.x2 = xy[0] + 27
❺               self.coordinates.y2 = xy[1] + 30
                return self.coordinates
```

当我们在第 16 章创建了 Game 类，其中的一个对象变量是 canvas。在❶处，我们用 canvas 变量上的 coords 函数，用法是 self.game.canvas.coords 来返回当前图形的 x 和 y 位置。这个函数用到了保存在对象变量 image 中的数字，它是画布上画出的图形的 ID。

我们把结果列表保存到变量 xy 中，现在它包含着两个值：在❷处的左上方的 x 位置保存到变量 coordinates 的 x1 中，在❸处的左上方的 y 位置保存到变量 coordinates 的 y1 中。因为我们创建的所有的火柴人图形都是 27 像素宽 30 像素高，我们可以得到 x2 和 y2 的值，只要分别在❹处加上 x 的宽度，在❺处加上 y 的高度就可以了。最后，在函数的最后一行，我们返回变量 coordinates。

18.1.3　让火柴人移动

StickFigureSprite 类的最后一个函数，move，它真正负责让我们游戏的主角在屏幕上移动。它也要能告诉我们什么时候主角要跳起来。

开始写 move 函数

下面是 move 函数的第一部分，它应该在 coords 的后面：

```
    def coords(self):
        xy = self.game.canvas.coords(self.image)
        self.coordinates.x1 = xy[0]
        self.coordinates.y1 = xy[1]
        self.coordinates.x2 = xy[0] + 27
        self.coordinates.y2 = xy[1] + 30
        return self.coordinates

    def move(self):
❶        self.animate()
❷        if self.y < 0:
❸            self.jump_count += 1
❹            if self.jump_count > 20:
❺                self.y = 4
❻        if self.y > 0:
❼            self.jump_count -= 1
```

在❶处，这个函数会调用我们在这一章之前创建的 animate 函数，在必要时改变目前显示的图形。在❷处，我们判断 y 的值是否小于 0。如果是，我们就知道火柴人是在跳跃中，因为负值会让他在屏幕上向上移动。（记住，0 在画布的顶部，画布底部的像素位置为 500。）

在❸处，我们给 jump_count 加 1，在❹处，我们判断 jump_count 是否到了 20，我们要把 y 的值改成 4 来让火柴人再落下来（❺处）。

在❻处，我们判断 y 的值是否大于 0（意味着主角在下落），如果是，我们把 jump_count 减 1，因为当我们向上数到 20 后，我们要再数回来。（一边把你的手慢慢抬起来一边数到 20，然后再把手放下来，同时从 20 向下数，你就会明白火柴人跳跃的计算是如何工作的了。）

在 move 函数接下来的几行代码中，我们调用 coords 函数，它们告诉我们主角在屏幕的什么位置，我们把它保存到变量 co 中。然后我们创建变量 left、right、top、bottom 和 falling。我们在函数的后面会用到他们。

```
if self.y > 0:
    self.jump_count -= 1
co = self.coords()
left = True
right = True
top = True
bottom = True
falling = True
```

请注意每个变量都被设置为布尔值 True。我们会用它们来表示主角是否撞到了东西或者是否在下落。

火柴人是否撞到了画布的底部或顶部

move 函数的下一部分判断我们的主角是否撞到了画布的底部或顶部。下面是代码：

```
            bottom = True
            falling = True
❶           if self.y > 0 and co.y2 >= self.game.canvas_height:
❷               self.y = 0
❸               bottom = False
❹           elif self.y < 0 and co.y1 <= 0:
❺               self.y = 0
❻               top = False
```

如果主角正在屏幕上下落，y 将大于 0，因此我们需要确保他没有掉到画布的底部（否则他将从屏幕底部消失）。要做到这一点，在❶处我们判断他的 y2 位置（火柴人的底部）是否大于等于 game 对象的变量 canvas_height。如果是，我们就在❷处把 y 的值设置为 0 来让火柴人不要继续下落，然后在❸处把变量 bottom 设置为 False，也就是说后面的代码不再需要判断火柴人是否撞到了底部。

判断火柴人是否撞到了屏幕顶部的代码和判断他是否撞到底部的代码差不多。在❹处，我们首先判断火柴人是否在跳跃（y 小于 0），然后我们判断他的 y1 位置是否小于或等于 0，意味着它撞到了画布的顶部。如果两个条件都为真，我们在❺处就把 y 设置为 0，让他不要再移动。我们还会在❺处把 top 变量设置为 True，告诉后面的代码不用再判断火柴人是否撞到顶部了。

火柴人是否撞到了画布的两侧

我们用和前面一模一样的方式来判断火柴人是否撞到了画布的左边或右边，如下：

```
         elif self.y < 0 and co.y1 <= 0:
             self.y = 0
             top = False
❶        if self.x > 0 and co.x2 >= self.game.canvas_width:
❷            self.x = 0
❸            right = False
❹        elif self.x < 0 and co.x1 <= 0:
❺            self.x = 0
❻            left = False
```

在❶处的代码基于我们已知如果 x 大于 0 的话火柴人是在向右跑这一事实。通过判断 x2 的位置（co.x2）是否大于或等于画布的宽度，我们还可以知道他是否撞到了右边界。如果两个条件都为真，我们设 x 等于 0（让火柴人停止跑动），并且在❸处处把变量 right 设置为 False。

与其他精灵相撞

当我们已经可以判断火柴人是否撞到边界后，我们还要知道他是否撞到了屏幕上的其他东西。我们用下面的代码来循环 game 对象中的精灵列表，看看火柴人是否撞到了它们。

```
         elif self.x < 0 and co.x1 <= 0:
             self.x = 0
             left = False
❶        for sprite in self.game.sprites:
❷            if sprite == self:
❸                continue
❹            sprite_co = sprite.coords()
❺            if top and self.y < 0 and collided_top(co, sprite_co):
❻                self.y = -self.y
❼                top = False
```

在❶处，我们对精灵列表进行循环，依次把每个精灵赋值给变量 sprite。在❷处，我们判断如果精灵等于 self 的话（也就是说"如果这个精灵是我自己"的话），我们不用判断火柴人是否撞上，因为他当然和自己的位置相撞。如果 sprite 变量等于 self，我们用 continue 来跳到对列表的下一次循环。

接下来，我们在❹处用 coords 函数得到新精灵的坐标位置，并把它保存到变量 sprite_co 中。

然后❺处的代码做如下检查。

1. 火柴人没有撞到画布顶部（变量 top 仍为真）。

2. 火柴人正在跳跃（y 的值小于 0）。

3. 火柴人的顶部撞到列表中的精灵（用我们在第 16 章中写的 collided_top 函数）。

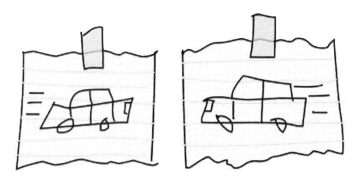

如果所有这些条件都为真，我们希望火柴人精灵再次下落，所以在❻处我们用负号（-）来反转 y 的值。在❼处变量 top 被设置为 False，因为当火柴人撞到了顶部，我们就不用再继续检查冲突了。

底部碰撞

接下来的部分判断我们主角的底部是否撞到了东西：

```
        if top and self.y < 0 and collided_top(co, sprite_co):
            self.y = -self.y
            top = False
❶       if bottom and self.y > 0 and collided_bottom(self.y, \
                co, sprite_co):
❷           self.y = sprite_co.y1 - co.y2
❸           if self.y < 0:
❹               self.y = 0
❺           bottom = False
❻           top = False
```

在❶处有三个差不多的判断：变量 bottom 的值是否已经设置，主角是否在下落（y 大于 0），我们主角的底部是否撞到了某精灵。如果所有三个判断都为真的话，我们在❷处用精灵的顶部 y

值（y1）减去火柴人底部的 y 值（y2）。这可能看上去很奇怪，让我们来看看为什么要这样做。

假设我们游戏的主角从一个平台上落下来。他在 mainloop 函数运行时每次向下移动 4 个像素，这时他的脚比另一个平台高 3 个像素。如果火柴人的底部（y2）的位置为 57，平台的顶部（y1）的位置在 60。在这个情况下，collided_bottom 函数会返回真，因为那里的代码会把火柴人的 y2 变量加上 y 的值（也就是 4），其结果为 61。

然而，我们不想让火柴人在看似碰到平台或者屏幕底部时马上停止下落，因为那看上去就像大步跳下去后停在了半空中，离地面还有一点点距离。说不定也可行，不过我们的游戏看上去就有点不正常了。然而如果我们把主角的 y2 值（57）从平台的 y1 值（60）中减掉，我们得到了 3，就是火柴人正确地刚好落到平台上所需下落的距离。

在❸处，我们确保计算的结果不会是个负数。如果是的话，我们在❹处把 y 的值设为 0。（如果我们让这个值变成负的，火柴人就又飞起来了，在这个游戏里我们不希望发生这样的事情。）

最后在❺❻两处把 top 和 bottom 设置为 False，这样我们就不用再判断火柴人是否撞到了其他精灵的顶部或底部了。

我们还要再多做一个底部的判断，看看火柴人是否跑过了平台的边缘。下面是这段 if 语句的代码：

```
    if self.y < 0:
        self.y = 0
    bottom = False
    top = False
if bottom and falling and self.y == 0 \
        and co.y2 < self.game.canvas_height \
        and collided_bottom(1, co, sprite_co):
    falling = False
```

要把 falling 变量设置为 False，下面五个判断必须都为真。

1. 我们还要判断 bottom 标志是否被设为 True。

2. 我们要判断火柴人是否应该下落（falling 标志设置为 True）。

3. 火柴人没有已经在下落（y 是 0）。

4. 精灵的底部没有撞到屏幕的底部（小于画布的高度）。

5. 火柴人已撞到了平台的顶部（collided_bottom 返回 True）。

然后，我们把变量 falling 设置为 False。

检查左边和右边

我们已经检查了火柴人是否撞到了平台的顶部或底部。现在我们要检查他是否到了左边界或右边界，下面是代码：

```
if bottom and falling and self.y == 0 \
        and co.y2 < self.game.canvas_height \
        and collided_bottom(1, co, sprite_co):
    falling = False
❶                if left and self.x < 0 and collided_left(co, sprite_co):
❷                    self.x = 0
❸                    left = False
❹                if right and self.x > 0 and collided_right(co, sprite_co):
❺                    self.x = 0
❻                    right = False
```

在❶处，我们判断是否还需要查看左边的冲突（left 仍设置为 True）以及火柴人是否在向左移动（x 小于 0）。我们还要用 collided_left 函数来判断火柴人是否与某精灵相撞。如果这三个条件都为真，我们就在❷处把 x 设置为 0（让火柴人停下来），然后在❸处把 left 设置为 False，这样我们就不会再检查左侧的碰撞了。

右侧碰撞的代码也差不多，如❹处所示。我们在❺处把 x 设置为 0，❻处把 right 设置为 False，这样就不用再检查右侧的碰撞了。

现在，有了所有方向的检查之后，我们的 for 循环看上去是这样的：

```
elif self.x < 0 and co.x1 <= 0:
    self.x = 0
    left = False
for sprite in self.game.sprites:
    if sprite == self:
        continue
    sprite_co = sprite.coords()
```

```
    if top and self.y < 0 and collided_top(co, sprite_co):
        self.y = -self.y
        top = False
    if bottom and self.y > 0 and collided_bottom(self.y, \
            co, sprite_co):
        self.y = sprite_co.y1 - co.y2
        if self.y < 0:
            self.y = 0
        bottom = False
        top = False
    if bottom and falling and self.y == 0 \
            and co.y2 < self.game.canvas_height \
            and collided_bottom(1, co, sprite_co):
        falling = False
if left and self.x < 0 and collided_left(co, sprite_co):
    self.x = 0
    left = False
if right and self.x > 0 and collided_right(co, sprite_co):
    self.x = 0
    right = False
```

我们只要再给 move 函数加上几行代码：

```
            if right and self.x > 0 and collided_right(co, sprite_co):
                self.x = 0
                right = False
❶          if falling and bottom and self.y == 0 \
                and co.y2 < self.game.canvas_height:
❷              self.y = 4
❸          self.game.canvas.move(self.image, self.x, self.y)
```

在❶处，我们判断变量 falling 和 bottom 是否都为 True。如果是的话，我们就已经循环过列表中所有的平台精灵，在底部没有任何碰撞。

在这一行最后的检查是判断主角的底部是否小于画布的高度，也就是是否在地面（画布的底部）以上。如果火柴人没有碰撞到任何东西，并且他在地面以上，那么他就是在半空中，那么他应该开始下落（换句话说，他从平台一端掉下去了）。为了让他从平台一端掉下去，我们在❷处把 y 设置为 4。

在❸处，我们让图形在屏幕上移动，使用变量 x 和 y。在我们循环所有的精灵，检测碰撞时，我们可能把两个变量都设置为 0，因为火柴人碰到了左下角。这样的话，调用画布上的 move 函数就什么也不会做。

也可能火柴人走过了平台的边缘。如果是这样的话，y 会被设置为 4，火柴人就会下落。

哇，这个函数真长！

18.2 测试我们的火柴人精灵

已经做好了 StickFigureSprite 类了，在调用 mainloop 函数之前，让我们加上这两行代码来试试它吧。

```
❶ sf = StickFigureSprite(g)
❷ g.sprites.append(sf)
  g.mainloop()
```

在❶处，我们创建一个 StickFigureSprite 对象，把它赋值给变量 sf。和平台一样，我们在❷处把这个新变量加到 game 对象的精灵列表中。

现在运行程序。你会发现，火柴人可以跑动，从一个平台跳跃到另一个平台，还能掉下来！如图 18-3 所示。

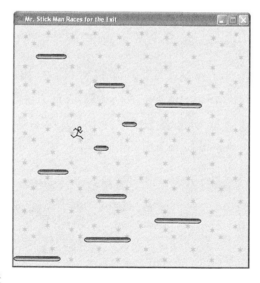

图 18-3 火柴人跑动、跳跃

18.3 门

现在我们游戏中唯一缺少的就是出口的门了。我们将为门创建一个精灵，加上检测门的代码，并给我们的程序加入一个门（door）的对象。

18.3.1　创建 DoorSprite 类

你猜对了，我们需要再创建一个类：DoorSprite。下面是代码的开始部分：

```
   class DoorSprite(Sprite):
❶     def __init__(self, game, photo_image, x, y, width, height):
❷         Sprite.__init__(self, game)
❸         self.photo_image = photo_image
❹         self.image = game.canvas.create_image(x, y, \
                   image=self.photo_image, anchor='nw')
❺         self.coordinates = Coords(x, y, x + (width / 2), y + height)
❻         self.endgame = True
```

在❶处的代码，DoorSprite 类的__init__函数的参数为 self、一个 game 对象、一个 photo_image 对象、x 和 y 坐标，还有图形的宽度和高度。在❷处，我们像在其他精灵类里一样调用__init__。

在❸处，我们把参数 photo_image 保存在同名的对象变量中，就和 PlatformSprite 一样。在❹处我们用画布的 create_image 函数创建一个显示用的图形，并把它的 ID 保存到对象变量 image 中。

在❺处，我们把 DoorSprite 的坐标设置为参数 x 和 y（作为门的 x1 和 y1 位置），然后计算出 x2 和 y2 的位置。我们计算 x2 的方法是用参数 x 加上一半的宽度（把变量 width 除以 2）。例如，如果 x 是 10（坐标的 x1 也是 10），宽度为 40，那么坐标的 x2 就是 30（10 加上 40 的一半）。

为什么要做这么奇怪的计算？因为，和火柴人碰到平台边缘时马上停下来不同，我们想让火柴人停在门前（而不是让火柴人停在门边！）。当你玩游戏并到达出口时就会看到效果了。

和 x1 不同，y1 位置的计算就简单多了。我们只要把变量 height 的值和参数 y 相加就可以了。

最后，在❻处，我们把对象变量 endgame（游戏结束）设置为 True。也就是说，当火柴人到达门口时，游戏就结束了。

18.3.2 门的检测

现在我们要改动一下 StickFigureSprite 类中 move 函数的代码来判断火柴人是否与其他精灵的左侧或者右侧发生碰撞。下面是第一个改动：

```
if left and self.x < 0 and collided_left(co, sprite_co):
    self.x = 0
    left = False
    if sprite.endgame:
        self.game.running = False
```

我们判断火柴人撞到的精灵是否有 endgame 变量为真的。如果是，我们把 running 变量设置为 False，这样的话所有的东西都停下来了，我们的游戏结束了。

我们会给右侧碰撞检测的代码加上相同的两行：

```
if right and self.x > 0 and collided_right(co, sprite_co):
    self.x = 0
    right = False
    if sprite.endgame:
        self.game.running = False
```

18.3.3 加入门对象

我们对游戏代码的最后改动是加入一个门的对象。我们要把它加到主循环的前面。在创建火柴人对象之前，我们要创建一个 door 对象，然后把它加到精灵列表中。下面是代码：

```
g.sprites.append(platform7)
g.sprites.append(platform8)
g.sprites.append(platform9)
g.sprites.append(platform10)
door = DoorSprite(g, PhotoImage(file="door1.gif"), 45, 30, 40, 35)
g.sprites.append(door)
sf = StickFigureSprite(g)
g.sprites.append(sf)
g.mainloop()
```

我们创建了一个 door 对象，用到了我们的游戏 game 对象 g，然后是一个 PhotoImage（我们在第 15 章中创建的图形）。我们把 x 和 y 参数设置为 45 和 30，把门放在一个靠近屏幕顶部的平台边。然后把 width 和 height 设置为 40 和 35。我们把 door 对象加入到精灵列表中，就和游戏中的其他精灵一样。

当火柴人来到门口时你就可以看到效果了。他将在门前停止跑动，而不是跑过去，如图 18-4 所示。

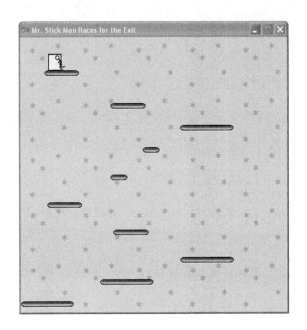

图 18-4　火柴人来到门口

18.4　最终的游戏

整个游戏的代码现在有 200 多行了。下面是游戏的完整代码。如果你运行游戏时遇到了麻烦的话，把你的每个函数（还有每个类）和下面的代码比较一下，看看是哪里错了。

```
from tkinter import *
import random
import time

class Game:
    def __init__(self):
        self.tk = Tk()
        self.tk.title("Mr. Stick Man Races for the Exit")
        self.tk.resizable(0, 0)
```

```
        self.tk.wm_attributes("-topmost", 1)
        self.canvas = Canvas(self.tk, width=500, height=500, \
                highlightthickness=0)
        self.canvas.pack()
        self.tk.update()
        self.canvas_height = 500
        self.canvas_width = 500
        self.bg = PhotoImage(file="background.gif")
        w = self.bg.width()
        h = self.bg.height()
        for x in range(0, 5):
            for y in range(0, 5):
                self.canvas.create_image(x * w, y * h, \
                        image=self.bg, anchor='nw')
        self.sprites = []
        self.running = True

    def mainloop(self):
        while 1:
            if self.running == True:
                for sprite in self.sprites:
                    sprite.move()
            self.tk.update_idletasks()
            self.tk.update()
            time.sleep(0.01)

class Coords:
    def __init__(self, x1=0, y1=0, x2=0, y2=0):
        self.x1 = x1
        self.y1 = y1
        self.x2 = x2
        self.y2 = y2

def within_x(co1, co2):
    if (co1.x1 > co2.x1 and co1.x1 < co2.x2) \
            or (co1.x2 > co2.x1 and co1.x2 < co2.x2) \
            or (co2.x1 > co1.x1 and co2.x1 < co1.x2) \
            or (co2.x2 > co1.x1 and co2.x2 < co1.x1):
        return True
    else:
        return False

def within_y(co1, co2):
    if (co1.y1 > co2.y1 and co1.y1 < co2.y2) \
            or (co1.y2 > co2.y1 and co1.y2 < co2.y2) \
            or (co2.y1 > co1.y1 and co2.y1 < co1.y2) \
            or (co2.y2 > co1.y1 and co2.y2 < co1.y1):
        return True
```

```
        else:
            return False

def collided_left(co1, co2):
    if within_y(co1, co2):
        if co1.x1 <= co2.x2 and co1.x1 >= co2.x1:
            return True
    return False

def collided_right(co1, co2):
    if within_y(co1, co2):
        if co1.x2 >= co2.x1 and co1.x2 <= co2.x2:
            return True
    return False

def collided_top(co1, co2):
    if within_x(co1, co2):
        if co1.y1 <= co2.y2 and co1.y1 >= co2.y1:
            return True
    return False

def collided_bottom(y, co1, co2):
    if within_x(co1, co2):
        y_calc = co1.y2 + y
        if y_calc >= co2.y1 and y_calc <= co2.y2:
            return True
    return False

class Sprite:
    def __init__(self, game):
        self.game = game
        self.endgame = False
        self.coordinates = None
    def move(self):
        pass
    def coords(self):
        return self.coordinates

class PlatformSprite(Sprite):
    def __init__(self, game, photo_image, x, y, width, height):
        Sprite.__init__(self, game)
        self.photo_image = photo_image
        self.image = game.canvas.create_image(x, y, \
                image=self.photo_image, anchor='nw')
        self.coordinates = Coords(x, y, x + width, y + height)
```

```python
class StickFigureSprite(Sprite):
    def __init__(self, game):
        Sprite.__init__(self, game)
        self.images_left = [
            PhotoImage(file="figure-L1.gif"),
            PhotoImage(file="figure-L2.gif"),
            PhotoImage(file="figure-L3.gif")
        ]
        self.images_right = [
            PhotoImage(file="figure-R1.gif"),
            PhotoImage(file="figure-R2.gif"),
            PhotoImage(file="figure-R3.gif")
        ]
        self.image = game.canvas.create_image(200, 470, \
                image=self.images_left[0], anchor='nw')
        self.x = -2
        self.y = 0
        self.current_image = 0
        self.current_image_add = 1
        self.jump_count = 0
        self.last_time = time.time()
        self.coordinates = Coords()
        game.canvas.bind_all('<KeyPress-Left>', self.turn_left)
        game.canvas.bind_all('<KeyPress-Right>', self.turn_right)
        game.canvas.bind_all('<space>', self.jump)

    def turn_left(self, evt):
        if self.y == 0:
            self.x = -2

    def turn_right(self, evt):
        if self.y == 0:
            self.x = 2

    def jump(self, evt):
        if self.y == 0:
            self.y = -4
            self.jump_count = 0

    def animate(self):
        if self.x != 0 and self.y == 0:
            if time.time() - self.last_time > 0.1:
                self.last_time= time.time()
                self.current_image += self.current_image_add
```

```
                if self.current_image >= 2:
                    self.current_image_add = -1
                if self.current_image <= 0:
                    self.current_image_add = 1
        if self.x < 0:
            if self.y != 0:
                self.game.canvas.itemconfig(self.image, \
                        image=self.images_left[2])
            else:
                self.game.canvas.itemconfig(self.image, \
                        image=self.images_left[self.current_image])
        elif self.x > 0:
            if self.y != 0:
                self.game.canvas.itemconfig(self.image, \
                        image=self.images_right[2])
            else:
                self.game.canvas.itemconfig(self.image, \
                        image=self.images_right[self.current_image])

def coords(self):
    xy = self.game.canvas.coords(self.image)
    self.coordinates.x1 = xy[0]
    self.coordinates.y1 = xy[1]
    self.coordinates.x2 = xy[0] + 27
    self.coordinates.y2 = xy[1] + 30
    return self.coordinates

def move(self):
    self.animate()
    if self.y < 0:
        self.jump_count += 1
        if self.jump_count > 20:
            self.y = 4
    if self.y > 0:
        self.jump_count -= 1
    co = self.coords()
    left = True
    right = True
    top = True
    bottom = True
    falling = True
    if self.y > 0 and co.y2 >= self.game.canvas_height:
        self.y = 0
        bottom = False
    elif self.y < 0 and co.y1 <= 0:
        self.y = 0
        top = False
```

```python
            if self.x > 0 and co.x2 >= self.game.canvas_width:
                self.x = 0
                right = False
            elif self.x < 0 and co.x1 <= 0:
                self.x = 0
                left = False
            for sprite in self.game.sprites:
                if sprite == self:
                    continue
                sprite_co = sprite.coords()
                if top and self.y < 0 and collided_top(co, sprite_co):
                    self.y = -self.y
                    top = False
                if bottom and self.y > 0 and collided_bottom(self.y, \
                        co, sprite_co):
                    self.y = sprite_co.y1 - co.y2
                    if self.y < 0:
                        self.y = 0
                    bottom = False
                    top = False
                if bottom and falling and self.y == 0 \
                        and co.y2 < self.game.canvas_height \
                        and collided_bottom(1, co, sprite_co):
                    falling = False
                if left and self.x < 0 and collided_left(co, sprite_co):
                    self.x = 0
                    left = False
                    if sprite.endgame:
                        self.game.running = False
                if right and self.x > 0 and collided_right(co, sprite_co):
                    self.x = 0
                    right = False
                    if sprite.endgame:
                        self.game.running = False
            if falling and bottom and self.y == 0 \
                    and co.y2 < self.game.canvas_height:
                self.y = 4
            self.game.canvas.move(self.image, self.x, self.y)

class DoorSprite(Sprite):
    def __init__(self, game, photo_image, x, y, width, height):
        Sprite.__init__(self, game)
        self.photo_image = photo_image
        self.image = game.canvas.create_image(x, y, \
                image=self.photo_image, anchor='nw')
        self.coordinates = Coords(x, y, x + (width / 2), y + height)
        self.endgame = True
```

```
g = Game()
platform1 = PlatformSprite(g, PhotoImage(file="platform1.gif"), \
    0, 480, 100, 10)
platform2 = PlatformSprite(g, PhotoImage(file="platform1.gif"), \
    150, 440, 100, 10)
platform3 = PlatformSprite(g, PhotoImage(file="platform1.gif"), \
    300, 400, 100, 10)
platform4 = PlatformSprite(g, PhotoImage(file="platform1.gif"), \
    300, 160, 100, 10)
platform5 = PlatformSprite(g, PhotoImage(file="platform2.gif"), \
    175, 350, 66, 10)
platform6 = PlatformSprite(g, PhotoImage(file="platform2.gif"), \
    50, 300, 66, 10)
platform7 = PlatformSprite(g, PhotoImage(file="platform2.gif"), \
    170, 120, 66, 10)
platform8 = PlatformSprite(g, PhotoImage(file="platform2.gif"), \
    45, 60, 66, 10)
platform9 = PlatformSprite(g, PhotoImage(file="platform3.gif"), \
    170, 250, 32, 10)
platform10 = PlatformSprite(g, PhotoImage(file="platform3.gif"), \
    230, 200, 32, 10)
g.sprites.append(platform1)
g.sprites.append(platform2)
g.sprites.append(platform3)
g.sprites.append(platform4)
g.sprites.append(platform5)
g.sprites.append(platform6)
g.sprites.append(platform7)
g.sprites.append(platform8)
g.sprites.append(platform9)
g.sprites.append(platform10)
door = DoorSprite(g, PhotoImage(file="door1.gif"), 45, 30, 40, 35)
g.sprites.append(door)
sf = StickFigureSprite(g)
g.sprites.append(sf)
g.mainloop()
```

18.5　你学到了什么

在这一章里，我们完成了《火柴人逃生》游戏。我们创建了动画的火柴人，写了函数来让他
在屏幕上跑来跑去并给他做动画（在图形间切换看上去就像在跑动）。我们使用了基本的冲
突检测，来判断他是否撞到了画布的左边或者右边，是否撞到了其他精灵，如平台或者门。

我们还加入碰撞代码，来判断他是否撞到了屏幕的顶部或底部，还有确保当他跑过平台的边缘时，他会掉下来。我们还添加代码来判断火柴人是否到达了门口，这样的话游戏就结束了。

18.6 编程小测验

我们的游戏还有很多地方可以改进。现在它还很简单。我们可以加些代码来让它看上去更专业，并且玩起来更有趣。试着加入下面的功能，在网站 http://python-for-kids.com/ 上检查你的代码对不对。

#1："你赢了!"

就像我们在第 14 章完成的弹球游戏中的"游戏结束"一样，当火柴人到达门口时加入文字"你赢了!"。这样玩家就知道他已经赢了。

#2：给门做动画

在第 15 章，我们给门做了两个图形：一个开着的门和一个关着的门。当火柴人到达门口时，门的图形应该换成开着的那张，火柴人应该消失，然后门应该再返回关上的状态。这看上去就像是火柴人已经出去了，并在离开前又关上了门。你可以通过修改 DoorSprite 类和 StickFigureSprite 类来做到这个功能。

#3：移动的平台

尝试加入一个新的类 MovingPlatformSprite。这种平台应该来回移动，让火柴人更难到达顶部的门口。

结束语　接下来学什么

在你的 Python 之旅中你已经学到了基本的编程概念，现在你会发现现在学习其他语言变得很简单了。虽然 Python 相当的有用，但同一种语言总不能适合所有的任务，所以不要惧怕在你的电脑上用不同的方式编程。在这里，我们介绍几种不同的游戏和图形编程的方式，然后再介绍一些最常用的编程语言。

游戏与图形编程

如果你想做更多的游戏和图形编程，你会发现有很多选择。下面只列出了几个。

1. BlitzBasic（http://www.blitzbasic.com/），使用专为游戏开发而设计的一种特殊的 BASIC 语言。

2. Adobe Flash，是一种在浏览器中运行的动画软件，它有自己的编程语言，叫做 ActionScript（http://www.adobe.com/devnet/actionscript.html）。

3. Alice（http://www.alice.org/），是一个 3D 的编程环境（只能用于微软 Windows 和苹果 OS X）。

4. Scratch（http://scratch.mit.edu/），一个用于开发游戏的工具。

5. Unity3D（http://unity3d.com），另一个开发游戏的工具。

上网搜索一下，你会发现其中任何一个选择都有大量的资源可以帮你开始使用它们。

PyGame

PyGame Reloaded（Python 的游戏模块，pgreloaded 或者 pygame2）是在 Python 3 下运行的 PyGame 版本（以前的版本只能在 Python 2 下工作）。你可以参考 pgreloaded 的教程（英文）：

http://code.google.com/p/pgreloaded/。

在写作本书时，pgreloaded 还没有苹果 OS X 和 Linux 下的安装文件，所以它没有办法直接在这两个系统上运行。

用 PyGame 来写游戏比用 tkinter 要复杂一点点。例如，在第 12 章里，我们这样用 tkinter 来显示一张图片：

```
from tkinter import *
tk = Tk()
canvas = Canvas(tk, width=400, height=400)
canvas.pack()
myimage = PhotoImage(file='c:\\test.gif')
canvas.create_image(0, 0, anchor=NW, image=myimage)
```

而用 PyGame 做同样事情的代码（装入一个.bmp 文件而不是.gif 文件）是这样的：

```
  import sys
  import time
  import pygame2
  import pygame2.sdl.constants as constants
  import pygame2.sdl.image as image
  import pygame2.sdl.video as video
❶ video.init()
❷ img = image.load_bmp("c:\\test.bmp")
❸ screen = video.set_mode(img.width, img.height)
❹ screen.fill(pygame2.Color(255, 255, 255))
❺ screen.blit(img, (0, 0))
❻ screen.flip()
❼ time.sleep(10)
❽ video.quit()
```

在引入 pygame2 模块后，我们在❶处调用 PyGame 中 video 模块的 init 函数，这就和在 tkinter 的例子里创建画布并 pack（自动调整）差不多。我们在❷处装入一个 BMP 图形，用 load_bmp 函数，然后在❸处用 set_mode 函数创建一个 screen 对象，传入装入的图形的宽和高作为参数。❹处是可选的，我们通过填充白色来把屏幕擦干净，然后在❺处用屏幕（screen）对象上的 blit 函数显示出图形。这个函数的参数为 img 对象，还有一个包含图形显示位置的元组（横向为 0 像素，纵向也为 0 像素）。

PyGame 使用一种屏幕外缓冲（也叫做"双缓冲"）。屏幕外缓冲是这样一种技术，它在计算机的内存中的某区域画出图形，但它并不可见，然后一下子把整个区域拷贝到可见的显示器上（屏幕上）。如果你刚好要在显示器上画很多不同的物体的话，屏幕外缓冲会减小闪动的效果。在❻处从屏幕外缓冲向可见的屏幕拷贝，使用 flip 函数。

最后，我们在❼处休息 10 秒钟，因为和 tkinter 的画布不一样，如果你什么也不做的话 PyGame 的屏幕会马上消失。在❽处，我们用 video.init 做清理，这样 PyGame 才会正确地关闭。PyGame 中还有很多功能，这个简单的例子只是让你体会一下它是什么样子的。

编程语言

如果你对其他编程语言有兴趣的话，目前流行的一些语言有 Java、C/C++、C#、PHP、Objective-C、Perl、Ruby，还有 JavaScript。我们将简要地介绍这些语言，并看看用这些语言所写的 "Hello World" 程序是什么样子的（就像在第 1 章里我们用 Python 写的那样）。注意：这里提到的语言都不是特别为编程初学者而准备的，并且大多数都与 Python 有相当大的区别。

Java

Java（http://www.oracle.com/technetwork/java/index.html）是一种略为复杂的编程语言，它有庞大的内建库（叫做 "包"）。在网上可以找到大量的免费资料。你可以在绝大多数操作系统上使用 Java。Java 也是安卓手机上使用的语言。

下面是用 Java 写的 "Hello World" 的例子：

```
public class HelloWorld {
    public static final void main(String[] args) {
        System.out.println("Hello World");
    }
}
```

C/C++

C (http://www.cprogramming.com/)和 C++ (http://www .stroustrup/C++.html)是很复杂的编程语言，在所有的操作系统里都用到了它们。既有免费版本，也有商业版本。两种语言（尤其是 C++）都很难学。例如，你会发现你需要自己手工写出很多在 Python 语言里本来就提供的功能（比方说告诉计算机你需要一段内存来保存一个对象）。很多商业游戏和游戏控制台是用

C 或者 C++写的。

下面是用 C 写的"Hello World"的例子：

```
#include <stdio.h>
int main ()
{
  printf ("Hello World\n");
}
```

C++的版本是这样的：

```
#include <iostream>
int main()
{
  std::cout << "Hello World\n";
  return 0;
}
```

C#

C#（http://msdn.microsoft.com/en-us/vstudio/hh388566/），读音为"C sharp"，是一种 Windows 上的略为复杂的编程语言，它和 Java 很相像。它比 C 和 C++简单一些。

下面是用 C#写的"Hello World"的例子：

```
public class Hello
{
    public static void Main()
    {
        System.Console.WriteLine("Hello World");
    }
}
```

PHP

PHP (http://www.php.net/)是一种用来建造网站的编程语言。你需要有一个安装了 PHP 的网站服务（用来给浏览器提供网页的软件），不过所有这些需要用到的软件在主流的操作系统上都是免费的。要在 PHP 上工作，你需要事先学习 HTML（一种用来构建网页的简单语言）。你可以在网上找到免费的 PHP 教程 http://php.net/manual/en/tutorial.php 和 HTML 教程 http://www.w3schools.com/html。

一个显示 "Hello World" 的网页看起来是这样的：

```
<html>
    <body>
        <p>Hello World</p>
    </body>
</html>
```

一个做差不多事情的 PHP 页面是这样的：

```
<?php
echo "Hello World\n";
?>
```

Objective-C

Objective-C (http://classroomm.com/objective-c/)和 C 很像（实际上它是对 C 语言的扩展），主要在苹果电脑上使用。它是 iPhone 和 iPad 的编程语言。

下面是用 Objective-C 写的 "Hello World"：

```
#import <Foundation/Foundation.h>
int main (int argc, const char * argv[]) {
    NSAutoreleasePool * pool = [[NSAutoreleasePool alloc] init];
    NSLog (@"Hello World");

    [pool drain];
    return 0;
}
```

Perl

Perl 语言（http://www.perl.org/）在所有主流操作系统上都有免费提供。它通常用于开发网站（和 PHP 相似）。

下面是用 Perl 写的 "Hello World"：

```
print("Hello World\n");
```

Ruby

Ruby（http://www.ruby-lang.org/）是一种免费的编程语言，在所有主流操作系统上都有提供。

它主要用来开发网站，尤其是用它的 Ruby on Rails 框架（"框架"是指一个用于支持某种类型应用开发的库的集合）。

下面是用 Ruby 写的"Hello World"的例子：

```
puts "Hello World"
```

JavaScript

JavaScript（https://developer.mozilla.org/en/javascript/）是一种通常用于网页上的编程语言，但是现在越来越多地用于游戏开发。它的语法和 Java 很接近，但可能学习 JavaScript 更容易些。（你可以写一个包含 JavaScript 程序的 HTML 页面并在浏览器中运行它，不需要任何 Shell 程序、命令行或者其他东西。）一个学习 JavaScript 的好地方是 Codecademy：http://www.codecademy.com/。

运行在浏览器上和运行在 Shell 程序中的用 JavaScript 写的"Hello World"是不一样的。在处壳程序中，是这样的：

```
print('Hello World');
```

在浏览器中是这样的：

```
<html>
    <body>
        <script type="text/javascript">
            alert("Hello World");
        </script>
    </body>
</html>
```

最后的话

不论你是继续使用 Python 还是决定尝试另一种编程语言（还有很多我们没有列出的语言），你会发现在本书中所讲的概念仍然有用。就算你不再写计算机程序，理解了这些基本概念仍会对你在学校里还有以后的各种工作有帮助。

祝你好运，并且从编程中找到乐趣！

附录　Python 的关键字

Python（以及大多数编程语言）中的关键字是有特殊意义的词。它们被当作是编程语言自身的一部分，所以不能用作其他用途。例如，如果你想把关键字当成变量，或者以错误的方式使用它们，你会从 Python 控制台得到奇怪的（有时是搞笑的，有时是令人困惑的）错误信息。

我们在这个附录中描述每个 Python 的关键字。在你继续编程时你会发现这是个很好的参考资料。

and

关键字 and，用于在一个语句中（例如 if 语句）把两个表达式连接起来，意为两个表达式必须都为真。下面是个例子：

```
if age > 10 and age < 20:
    print('Beware the teenager!!!!')
```

这段代码的意思是变量 age 的值必须大于 10 并且小于 20，那条消息才会被打印出来。

as

关键字 as 用来给引入的模块起另一个名字。例如，假设你有一个名字很长的模块：

```
i_am_a_python_module_that_is_not_very_useful
```

如果每次用到这个模块你都要输入它的名字，这样会很麻烦：

```
import i_am_a_python_module_that_is_not_very_useful
i_am_a_python_module_that_is_not_very_useful.do_something()
I have done something that is not useful.
i_am_a_python_module_that_is_not_very_useful.do_something_else()
I have done something else that is not useful!!
```

然而当你引入它时，你可以给这个模块一个新的、短一些的名字，然后简单地使用这个新名字（就像昵称一样），像这样：

```
import i_am_a_python_module_that_is_not_very_useful as notuseful
notuseful.do_something()
I have done something that is not useful.
notuseful.do_something_else()
I have done something else that is not useful!!
```

assert

关键字 assert（断言）用于声明一段代码必须为真。它是另一种捕获代码中的错误和问题的方式，一般用于更高级的编程中（这也是为什么在本书中我们没用到 assert）。下面是一个简单的 assert 语句：

```
>>> mynumber = 10
>>> assert mynumber < 5
Traceback (most recent call last):
  File "<pyshell#1>", line 1, in <module>
    assert a < 5
AssertionError
```

在这个例子中，我们断言变量 mynumber 的值一定小于 5，因为它不是，所以 Python 显示出一条错误信息（称为断言错误）。

break

关键字 break 用于让某段代码的运行停止。你可以在一个 for 循环中使用 break，像这样：

```
age = 10
for x in range(1, 100):
    print('counting %s' % x)
    if x == age:
        print('end counting')
        break
```

因为变量 age 被设为 10，这段代码会打印出如下信息：

```
counting 1
counting 2
counting 3
counting 4
counting 5
```

```
counting 6
counting 7
counting 8
counting 9
counting 10
end counting
```

当变量 x 的值达到 10 的时候，代码会打印出"end counting"，然后从循环中退出。

class

关键字 class 用于定义一种类型的对象，如车、动物，或者人。类可以有一个 __init__ 函数，它用于执行这个类的对象被创建时所需要执行的所有任务。例如，一个 Car 类的对象在创建时可能需要一个 color 变量：

```
class Car:
    def __init__(self, color):
        self.color = color

car1 = Car('red')
car2 = Car('blue')
print(car1.color)
red
print(car2.color)
blue
```

continue

关键字 continue 是一种在循环中直接"跳"到下一次的方法，这样的话循环体中余下的代码将不被执行。和 break 不同的是它不会跳出循环，它只是从下一个元素继续执行。例如，如果我们有一系列元素，并且希望跳过以 b 开头的元素，我们可以这样写代码：

```
❶ >>> my_items = ['apple', 'aardvark', 'banana', 'badger', 'clementine',
            'camel']
❷ >>> for item in my_items:
❸         if item.startswith('b'):
❹             continue
❺         print(item)

    apple
    aardvark
    clementine
    camel
```

我们在❶处创建元素的列表，然后在❷处用 for 循环来循环这些元素，并运行后面的代码块。如果在❸处发现这个元素以字母 b 开头，我们在❹处继续循环下一个元素。否则在❺处打印出这个元素。

def

关键字 def 用于定义函数。例如，要写一个把年数转换成相等的分钟的函数是：

```
>>> def minutes(years):
        return years * 365 * 24 * 60
>>> minutes(10)
5256000
```

del

del 用于删除。例如，如果你的日记中有一个你想要的生日礼物的列表，但对于其中的一个你改变了主意，那么你可能会把它从列表中划掉，然后加上新的东西：

```
remote controlled car
new bike
computer game
roboreptile
```

在 Python 里，原来的列表可能是这样的：

```
what_i_want = ['remote controlled car', 'new bike', 'computer game']
```

你可以用 del 和这个元素的索引来把 "computer game" 删除。然后你可以用 append 函数加上新的元素：

```
del what_i_want[2]
what_i_want.append('roboreptile')
```

然后打印出新的列表：

```
print(what_i_want)
['remote controlled car', 'new bike', 'roboreptile']
```

elif

关键字 elif 是 if 语句的一部分。例子请参见 if 关键字。

else

关键字 else 是 if 语句的一部分。例子请参见 if 关键字。

except

关键字 except 用于捕获代码中的问题。它主要用于相当复杂的程序中，所以在本书中我们没有用到它。

finally

关键字 finally 用于确保如果有错误发生时，某段代码一定执行（通常是清理工作）。本书没用到这个关键字是因为它用于更高级的编程。

for

关键字 for 用于创建一个运行特定次数的循环代码。下面是个例子：

```
for x in range(0, 5):
    print('x is %s' % x)
```

这个 for 循环把代码块（print 语句）执行五次，输出的结果是：

```
x is 0
x is 1
x is 2
x is 3
x is 4
```

from

当引入一个模块时，你可以用 from 关键字只引入你所需要的那部分。例如，在第 4 章介绍的 turtle 模块有一个叫 Pen 的类，我们用它来创建 Pen 对象（画布，海龟在上面移动）。下面是如何引入整个海龟模块，然后使用 Pen 类：

```
import turtle
t = turtle.Pen()
```

你还可以只引入 Pen 类自己，然后直接使用它（不用再使用 turtle 模块）：

```
from turtle import Pen
t = Pen()
```

这么做可能是为了当你查看程序的顶部时，你可以看到所有用到的函数和类（这对于引入很多模块的大型程序来讲尤其有用）。然而，如果你选择这样做，你就不能使用模块中你没有引入的那部分了。例如，time 模块有一个函数 localtime 和 gmtime，如果你只引入了 localtime 并想用 gmtime 时，你将会得到一条错误信息：

```
>>> from time import localtime
>>> print(localtime())
(2007, 1, 30, 20, 53, 42, 1, 30, 0)
>>> print(gmtime())
Traceback (most recent call last):
  File "<stdin>", line 1, in <module>
NameError: name 'gmtime' is not defined
```

错误信息"名字'gmtime'还没有定义"意为 Python 不知道函数 gmtime，这是因为你还没有引入它。

如果在某个模块中有很多函数你都想用，又不想在使用它们时使用模块的名字（如 time.localtime 或者 time.gmtime），你可以用星号（*）引入模块中的所有东西：

```
>>> from time import *
>>> print(localtime())
(2007, 1, 30, 20, 57, 7, 1, 30, 0)
>>> print(gmtime())
(2007, 1, 30, 13, 57, 9, 1, 30, 0)
```

这样你就引入了 time 模块中的所有东西，现在就可以直接用函数的名字来使用它们了。

global

我们在第 7 章介绍了程序中的作用域。作用域是指一个变量的可见范围。如果变量在函数之外定义，通常它在函数中也是可见的。另一方面，如果变量在函数内定义，通常它在函数之外不可见。关键字 global 是这个规则的一个例外。一个定义为 global 的变量在任何地方都是可见的。下面是个例子：

```
>>> def test():
        global a
        a = 1
        b = 2
```

猜猜看，在运行函数 test 之后调用 print(a)和 print(b)会发生什么？前者可以工作，后者会显
示一条错误信息：

```
>>> test()
>>> print(a)
1
>>> print(b)
Traceback (most recent call last):
  File "<stdin>", line 1, in <module>
NameError: name 'b' is not defined
```

变量 a 在函数中被改变为全局变量，所以即使函数已经执行结束，它仍然可见。但是 b 还是
只在函数内可见。（你必须在给变量赋值以前使用 global 关键字。）

if

关键字 if 用来做判断。它也可以和关键字 else 和 elif（else if）一起用。if 语句的意思是：如
果条件为真，那么执行这些动作。下面是一个例子：

```
❶ if toy_price > 1000:
❷     print('That toy is overpriced')
❸ elif toy_price > 100:
❹     print('That toy is expensive')
❺ else:
❻     print('I can afford that toy')
```

这个 if 语句是说在行❶如果玩具的价格（toy price）大于 1 000 块，行❷就显示一条信息：太
贵了。否则，在行❸如果玩具的价格大于 100 块，行❹？就显示一条信息：很贵。如果在行
❺两个条件都不为真，行❻就应该显示：我买得起。

import

关键字 import 用来让 Python 装入一个模块以供使用。例如，下面的代码告诉 Python 使用 sys
模块：

```
import sys
```

in

关键字 in 用于判断某元素是否在一个元素集中的表达式里，例如，在这个数字的列表中能找到 1 吗？

```
>>> if 1 in [1,2,3,4]:
>>>     print('number is in list')
number is in list
```

下面的例子是如何判断字符串'pants'（裤子）是否在衣服的列表中：

```
>>> clothing_list = ['shorts', 'undies', 'boxers', 'long johns',
                'knickers']
>>> if 'pants' in clothing_list:
        print('pants is in the list')
else:
        print('pants is not in the list')
pants is not in the list
```

is

关键字 is 有点像等于运算符（==），用来判断两个东西是否相等（例如 10 == 10 是真，10 == 11 是假）。然而，is 和==有本质的不同。如果你比较两样东西，==可能会返回真，is 却不一定（即使你认为这两个东西是一样的）。这是一个高级的编程概念，我们在本书里只用==。

lambda

关键字 lambda 用来创建匿名的，或者说内嵌的函数。这个关键字用于更高级的编程中，我们在本书中不讨论它。

not

如果某事为真，not 关键字会把结果变为假。例如，如果我们创建变量 x 并把它设置为 True，然后打印出这个变量加上 not 后的结果，我们得到的结果是：

```
>>> x = True
>>> print(not x)
False
```

这个看上去好像没什么用处，但把它放在 if 语句中就有用了。例如，要找出一个元素是否不在列表中，我们可以这样写：

```
>>> clothing_list = ['shorts', 'undies', 'boxers', 'long johns',
                     'knickers']
>>> if 'pants' not in clothing_list:
        print('You really need to buy some pants')
You really need to buy some pants
```

or

关键字 or 用来把两个条件连接起来，在语句中（如 if 语句中）表示这两个条件中至少要有一个为真。下面是一个例子：

```
if dino == 'Tyrannosaurus' or dino == 'Allosaurus':
    print('Carnivores')
elif dino == 'Ankylosaurus' or dino == 'Apatosaurus':
    print('Herbivores')
```

在这个例子中，如果变量 dino 中包含 Tyrannosaurus 或者 Allosaurus，程序就会打印"Carnivores"。如果它包含 Ankylosaurus 或者 Apatosaurus，程序就会打印"Herbivores"。

pass

有时当你在开发程序时，你只想先写一点试一试。可问题是你不能写没有语句块的 if 语句，当 if 的条件为真时要执行那个语句块。你也不能写没有循环体语句块的 for 循环。例如，下面的代码是没有问题的：

```
>>> age = 15
>>> if age > 10:
        print('older than 10')

older than 10
```

但是如果你不写 if 语句后面的代码块的话，你会得到一条错误信息：

```
>>> age = 15
>>> if age > 10:

File "<stdin>", line 2

     ^
IndentationError: expected an indented block
```

当你在一个语句后面没有写应该写的代码块时就会得到这样的错误信息（在 IDLE 甚至不允许写出这样的代码）。在这种情况下，你可以用 pass 关键字来写一个语句，但是就不用写代码块了。

例如，如果你想写一个 for 循环，其中有一个 if 语句。可能你还没想好在 if 语句中写什么，可能你会用 print 函数，也可能写一个 break，或者做其他什么事情。你可以使用 pass，这样代码仍能工作（尽管其实它什么也没做）。

下面还是我们的 if 语句，这次用了 pass 关键字：

```
>>> age = 15
>>> if age > 10:
        pass
```

下面的代码是 pass 关键字的另一个例子。

```
>>> for x in range(0, 7):
>>>     print('x is %s' % x)
>>>     if x == 4:
            pass

x is 0
x is 1
x is 2
x is 3
x is 4
x is 5
x is 6
```

Python 在每次执行循环中的语句块时仍然检查变量 x 是否包含 4，但是它没有任何作用，所以它只是打印出 0 到 7 的每个数字。

以后，你可以加上 if 语句所需的代码块，把 pass 关键字换成别的东西，比方说 break：

```
>>> for x in range(1, 7):
        print('x is %s' % x)
        if x == 5:
            break

x is 1
x is 2
```

```
x is 3
x is 4
x is 5
```

关键字 pass 更常用于创建了一个函数却暂时不想写函数中的代码的情况。

raise

关键字 raise 可以用来产生一个错误。这听起来可能有点奇怪，但是在高级编程中它非常有用。（在本书中我们不用这个关键字。）

return

关键字 return 用来在函数中返回一个值。例如，你可以创建一个函数来计算自从你上一次生日以来过了多少秒：

```
def age_in_seconds(age_in_years):
    return age_in_years * 365 * 24 * 60 * 60
```

当你调用这个函数时，这个返回值可以用来给另一个变量赋值，或者把它打印出来：

```
>>> seconds = age_in_seconds(9)
>>> print(seconds)
283824000
>>> print(age_in_seconds())
378432000
```

try

关键字 try 开始一个语句块，这个语句块以 except 和 finally 关键字结束。同时，这些 try/except/finally 中的语句块一起用来处理程序中的错误，比方说确保程序会给用户显示一条有用的消息，而不是给出一条不友好的 Python 错误信息。这些关键字在本书中没有用到。

while

关键字 while 和 for 有点像，不同在于 for 循环在一个范围里循环，而 while 循环在表达式为真时一直运行。要小心 while 循环，因为如果其中的表达式一直为真的话，这个循环就永远不会结束（这叫一个"死循环"或者"无限循环"）。下面是一个例子：

```
>>> x = 1
>>> while x == 1:
        print('hello')
```

如果你运行这段代码，它会一直循环下去，直到你关闭 Python Shell 程序，或者按下 Ctrl-C 来中断它。然而，下面的代码会打印九次"hello"（每次给变量 x 加 1，直到 x 不再小于 10 为止）。

```
>>> x = 1
>>> while x < 10:
        print('hello')
        x = x + 1
```

with

关键字 with 的用法和 try、finally 关键字相似，创建一个和对象相关的语句块。这个关键字在本书中没有用到。

yield

关键字 yield 和 return 近似，不同在于它用于一类特殊的对象，叫做"生成器"（generator）。生成器在使用过程中创建值（也就是说在需要的时候创建值），所以这样的话，range 函数的行为就像是一个生成器。这个关键字在本书中没有用到。

术　语　表

当你刚开始编程的时候，你会遇到不太理解的术语。这种不理解会成为你进步的阻碍。但是这很好办！

我创建了下面的术语表来帮助你解释这些单词和术语。在里边有很多本书中用到的编程术语的定义，如果你遇到了不理解的东西就到这里来找一找吧。

动画（animation）　以足够快的速度把图片显示出来的过程，看上去就像在动。

语句块（block）　计算机程序中的一组语句。

布尔（Boolean）　非真即假的一种值。（在 Python 里是 True 或 False，其中的 T 和 F 都要大写。）

调用（call）　运行函数中的代码。当我们使用一个函数时，我们说"调用"它。

画布（canvas）　屏幕上一个用来画图的区域。canvas 是 tkinter 模块提供的一个类。

子类（child）　当我们说到类的时候，我们用父亲和孩子来描述类与类之间的关系。子类继承父类的特性。

类（class）　对一类事物的描述或者定义。在编程术语中，类是一组函数和变量。

点击（click）　在屏幕上的按钮上按下鼠标的按钮，选择一个菜单项等。

冲突（collision）　在计算机游戏中，当屏幕上游戏里的一个角色撞到另一个角色或物体。

条件（condition）　程序中的一个类似于提问的表达式。条件的衡量结果为真或者假。

坐标（coordinates）　一个像素在屏幕上的位置。通常用在屏幕上横向的像素数（x）和纵向的像素数（y）来表示。

角度（degrees） 用来衡量夹角角度大小的单位。

数据（data） 一般指计算机存储和操作的信息。

对话框（dialog） 应用程序中的对话框一般是一个小窗口，提供一些上下文相关的信息，如警告或者错误信息，或者问你要对一个问题的回应。例如，当你选择打开文件时，通常出现的窗口是文件对话框。

维度（dimensions） 在图形编程中，二维或者三维指的是图形是如何在计算机的屏幕上显示的。二维（2D）图形，是屏幕上的图形，有宽和高，和你在电视上看到的老的卡通片差不多。三维（3D）图形是屏幕上既有宽和高也能看出深度的图形，就是你在更真实的电脑游戏里看到的那种。

目录（directory） 在你的电脑硬盘上的一组文件的位置。

内嵌（embed） 替换字符串中的值。被替换的值可以称为"占位符"。

错误（error） 当你的计算机中程序中的某些东西发生了问题，这就是一个错误。当你用Python 来编程时，可能会看到各种各样的错误信息。例如，如果没有正确地输入代码，你可能会看到一个"缩进错误"（IndentationError）。

事件（event） 在程序运行时发生的事情。例如，有人移动了鼠标，点击了鼠标的按钮，或者在键盘上输入，这些都是事件。

异常（exception） 运行程序时出现的一种错误。

执行（execute） 运行一些代码，如一个程序、一个小代码段，或者一个函数。

帧（frame） 组成动画的一系列图形中的一个。

函数（function） 编程语言中的一个命令，通常是一组语句，它们完成某个动作。

十六进制（hexadecimal） 数字的一种表现形式，尤其用在计算机编程中。十六进制数的基数是 16，也就是说从 0 数到 9，然后是 A、B、C、D、E、F。

水平方向（hrizontal） 屏幕上左右的方向（用 x 来表示）。

ID（identifier）　在程序中作为某事物独一无二的名字的一个数字。例如，在 Python 的 tkinter 模块中，ID 用来指向画布上画出的图形。

图形（image）　计算机屏幕上的图片。

引入（import）　在 Python 的术语里，引入就是使一个模块在你的程序中可用。

初始化（initialize）　指设置一个对象的初始状态（也就是在对象刚创建时就设置它的变量）。

安装（installation）　把一个应用程序软件的文件拷贝到你的电脑上的过程，这样你的程序就可以用了。

实例（instance）　类的实例，也叫做对象。

关键字（keyword）　编程语言中特殊的词。关键字又叫做"保留字"，也就是说你不可以用它们做其他事情（例如，你不可以把关键字当成变量名）。

循环（loop）　一个或一组重复执行的命令。

内存（memory）　计算机中的一个设备或组件，用来临时存储信息。

模块（module）　一组函数和变量。

空（null）　没有值（在 Python 里用 None 来表示）。

对象（object）　类的一个实例。当你创建一个类的对象时，Python 在你计算机的内存里留出一块地方来保存这个类的实例的信息。

运算符（operator）　计算机程序中的一个元素，用来对值进行数学计算或比较值的大小。

参数（parameter）　在调用函数或创建对象时用到的值（比方说调用 Python 中的__init__函数时）。参数有时也叫 argument。

父类（parent）　当说到类和对象时，一个类的父类就是这个类的函数和变量继承自的那个类。也就是说，子类继承了父类的特性。如果我们指的不是 Python 语言中的父亲的话，父类就是晚上睡觉前要求你去刷牙的那个人。

像素（pixel）　在你计算机屏幕上的一个点，那是计算机能画出的最小的点。

程序（program）　一系列指令，告诉计算机做什么事情。

作用域（scope）　程序中一个变量可以被看到（或使用）的部分或片段。（一个在函数中的变量可能在函数以外是不可见的。）

Shell 程序（shell）　在计算机中，处壳程序是一个命令行接口。在本书中"Python Shell 程序"指 IDLE 程序。

软件（software）　一组计算机程序。

精灵（sprite）　电脑游戏中的一个角色或者对象。

字符串（string）　一组字符（字母、数字、标点和空白）。[1]

语法（syntax）　程序中文字的组织与顺序。

透明（transparency）　在图形编程中，一部分图形不显示，也就是说这部分不会覆盖它后面的东西。

变量（variable）　用来保存值的东西。一个变量就像是计算机内存中的信息标签。变量并不是永远都指向一个特定的值，"变量"的意思就是它会变。

纵向（vertical）　屏幕上上下的方向（用 y 来表示）。

---

[1] 译者注：也可以是中文。